Star
星出版

新觀點
新思維
新眼界

アマゾンで学んだ！
伝え方はストーリーが９割

Amazon故事公關行銷學

向亞馬遜創辦人貝佐斯學習溝通技巧
優化企業和個人品牌價值

小西美沙緒 著
賴詩韻 譯

Take Pride in Your Choices,
Not Your Gifts.

以你的「選擇」為傲，
而非你的「天賦」。

——傑夫・貝佐斯 Jeff Bezos

目錄

第2章

建立信賴關係、累積鐵粉的**傳達工作原則**

第3章

我在亞馬遜十三年所實踐
確實讓大眾了解企業優勢的方法

第4章

優化PR品質
如何將訊息故事化

第5章

今後的自我PR技巧

使工作成果出現戲劇性的提升！

前言

不斷地向顧客說故事，亞馬遜才有今天

每年，亞馬遜公司的股東們都會收到ＣＥＯ傑夫・貝佐斯（Jeff Bezos）的致股東信。

亞馬遜的股東們對一九九七年的股東信最為印象深刻，因為貝佐斯每一年除了當年度的股東信，一定都會再附上一九九七年的股東信。

亞馬遜是一家一九九四年七月創立於美國西雅圖的企業。在一九九七年的股東信中，貝佐斯記述了亞馬遜自創業近兩年半以來，直至一九九七年的營運狀況，以及往後的經營展望。因為這封信有著重要意義，所以從隔年的一九九八年、一九九九年……一直到現在，每年的股東信一定都會附上這封信。

貝佐斯為什麼要這麼做？他本人表示，他的目的就是想向股東們傳達：**「我的目標、想法、說過的話，以及執行的事，從一九九七年一直到今天，完全都沒有改變，對吧？」**

二十年來，貝佐斯傳達的信念從未改變

一九九七年的股東信原文長達五張Ａ４紙，摘錄部分內容如下。

「Day 1，就是保持第一天心態。」

「透過提供更符合顧客需求的服務，讓我們得以更快發掘顧客想要的商品。」

「我相信，我們衡量成功的指標，將會是我們『長期』創造出來的股東價值。」

「不管發生什麼事，我們都會持續以客為尊的宗旨。」

「站在長期市場領導者的立場，我們今後也會持續進行投資。」

Day 1：每一天都是創業的第一天，保持快速、敏捷，勇於擁抱風險、接受強大趨勢。

「今後，我們也會持續從成功和失敗中汲取經驗。」

「每一位員工在意識上、實際行動上，都須具備所有權意識。」

「擁有多樣化的商品，使顧客能夠透過方便、簡易的分類搜尋，找到想要的商品，二十四小時三百六十五天為顧客提供服務。」

「在招募人才時設定高門檻，一直是亞馬遜公司成功的最關鍵因素，今後也會持續這個方針。」

做為比較，我也從二〇一七年的股東信擷取部分內容給大家參考。

「我在這二十年裡，都不斷地向大家強調Day 1的理念。」

「我認為除了守護Day 1的活力，最重要的是以客為尊的信念。」

「為了維持Day 1，我們需要耐心地進行實驗，接受失敗，播下種子，扶植樹苗。」

「優秀的開發者或設計者，都非常了解顧客的需求。培育這種敏銳度，需要耗費龐大的心力。」

在二〇一七年的股東信後半，貝佐斯也提及二〇一七年的關注焦點為ＡＩ技術，包括送貨無人機、無人超市Amazon Go、雲端服務ＡＷＳ和智慧語音助理Alexa等。

不過，「Day 1原則」、「以客為尊」、「從長遠的角度思考和行動」、「無懼失敗」，以及「招募人才時設定高門檻，重視員工教育」等亞馬遜的企業理念，無論是一九九七年或二〇一七年，都沒有絲毫改變。

經過二十年以上的經營，即使企業規模有了大幅度的成長，亞馬遜的核心價值觀，始終沒有絲毫改變。亞馬遜的股東們，也能夠體會到這種傳達信念價值的一貫敘事方式。

亞馬遜（Amazon）與Google、Facebook、Apple並稱「ＧＡＦＡ」，是全球極為知名的龍頭企業，但是亞馬遜的股東大會卻很簡樸，沒有華麗的場面，只有數十位股東前來參與大會而已。開會時，亞馬遜公司為股東們準備的，真的就只有股東信而已。

我想，也不需要給股東們其他的東西，因為股東們所在乎的只有兩件事：其一就是「股價」（代表企業價值的成長程度），其二就是亞馬遜是否持續創新。

貝佐斯如何思考「說故事」這件事？

何謂「故事」？

也可以說是「物語」、「腳本」、「話術」、「情節構思」等，我則是把「故事」理解為**「傳達者與接收者之間容易共有的概念」**。基本上，故事大概具備了這幾個特點：

- 某個場景浮現眼前
- 傳達者想要傳達的訊息很簡單
- 看得到時間的軌跡及方向性
- 接收訊息的人，明確知道自己接下來要做什麼

不過，本書所要傳達的，並不是「故事」的嚴密定義。我是想建

議大家，這種「傳達者與接收者之間容易共有的概念」是絕佳的商業工具，請一定要多多善用。

貝佐斯是世界上數一數二擅長說故事的人，某一次，他對我們同仁提起亞馬遜創業初始的情形，比手畫腳說得很生動。

「我在西雅圖一間車庫裡開創亞馬遜的事業，一開始連張桌子都沒有呢。我和夥伴把資料鋪在地上，就這樣隨意躺下睡覺。長期下來，身體到處都痛，那段時間，我都戴著護膝工作（笑）。」

我聽到這段話，腦中不禁浮現，貝佐斯穿戴著運動選手的那種超大護膝，和他的夥伴愉快工作的情景。「我們公司就是從那種一無所有的情況下開始的啊！」大家不禁感到肩負重任而不敢懈怠。

貝佐斯這個人，隨時都在思考何謂「價值」的問題，而且以非常長遠的眼光經營事業。簡單來說，他不希望因為一些短暫因素干擾，妨礙他實現更長遠的目標。

以「對方」為中心，思考如何傳達故事。

所謂「短暫因素」，指的是經濟環境的變化，以及競爭對手動向等因素。貝佐斯認為：「我們的目標在更高、更遠的地方」，為了讓大家了解這個想法，最有效的方式就是「透過故事來傳達」。

更進一步來說，與其說是「透過故事來傳達」，貝佐斯所想的，是如何才能「讓大家充分了解故事」。

很多經營者、公關人員或商品開發人員等業界同仁，都會找我諮詢如何透過故事表達想法。他們心裡所想的是「我們想要表達的東西非常多，如果透過故事的方式，我們滿滿的想法，就可以全部傳達給對方了解了吧！」

這樣是不對的，因為這樣的想法，是以傳達者為中心的想法，我們應該以「對方」為中心，思考如何傳達故事。

貝佐斯就算講相同的內容，在面對不同的對象時，也會有不一樣的表達方式。在接受採訪時，他會在中途多次向訪問者確認，是否確實理解他所要表達的意思？他總是以「對方」為中心思考如何傳達故事。

創業初始就要求員工具備所有權意識

我在貝佐斯領導的亞馬遜，擔任公關工作約莫十三年，最後有幸接下公關負責人的職位。在這十三年裡，對於日本亞馬遜的形象是如何一點一滴轉變的，我有非常切身的感受。現在，我運用自己的資歷和經驗，為許多企業煩惱的「如何傳達」的問題做諮詢，提供建議。

亞馬遜的日本法人日本亞馬遜創立於二〇〇〇年，同年十一月，亞馬遜的日本網站 Amazon.co.jp 正式上線營運。

二〇〇三年，我以公關負責人的身分加入日本亞馬遜，當時的日本亞馬遜創立才剛邁入第四年，Amazon.co.jp 還被叫做「網路書店」。在大家的印象裡，Amazon.co.jp 只有在賣書而已，許多人甚至以「黑船」來諷刺亞馬遜。當時，大家對亞馬遜的認知，普遍的想法都是「沒聽過亞馬遜」，或是「知道，但是印象不大好。」那個時期的亞馬遜，在日本的事業規模還很小，簡直和新創企業無異。

亞馬遜從創業至今，始終要求所有員工必須具備「所有權意識」（Ownership，自己是經營者的想法），亞馬遜絕不是由貝佐斯一人發號施令的公司。從進入日本亞馬遜開始，我也經歷過非常多必須自己思考、自己動手進行的工作。

基於我身經百戰的經驗，我想我應該可以就「傳達」這件事，給予大家一些建議，這就是我執筆寫這本書的初衷。

致煩惱「如何傳達」的業界同仁

本書所期望幫助到的，大概是下列這幾種對象。

❶負責企業的對外發言工作，卻苦於無法順利傳達訊息的人

無法將企業理念，或是商品和服務的特性等訊息，順利傳達給顧客了解的企業經營者、公關人員，以及商品開發人員。

在第二至四章，我將盡可能具體說明，我在亞馬遜學到的故事傳達方法。我將和大家分享亞馬遜特別注意什麼要點，以及它建立了什麼樣的機制與規則。

❷在提案、面談和報告等場合，想要加強自我傳達能力的人

在日常工作的提案、業務簡報、面談、面試和各種報告中，經常會遇到「要對誰傳達某件事」的情況。更廣義來說，「在開會前後與顧客閒談」、「在用餐時間與部屬聊天」等情況，也運用了非常多的傳達技巧。

因此，在第五章，我會分享一些傳達要訣，讓你可以運用在往後的工作上。在第一章，我會分享貝佐斯說故事有哪些特點，這是任何人都可以馬上學起來運用的技巧。

重新發掘自己的優勢，期許自己超越亞馬遜！

我想透過這本書，向大家傳達兩個觀念。

第一個觀念是：現在想「超越亞馬遜」，是十分可能的。

在亞馬遜成立的一九九四年、亞馬遜進駐日本的二〇〇〇年，

在日常工作中，經常需要用到「傳達」的技巧。
發掘你（們）的優勢，善用平台，傳達出去。

相較於現在全面資訊化的環境，有著非常大的差異。其中，尤其是Facebook、Instagram、推特和ＬＩＮＥ等社群平台的出現。

二〇〇〇年亞馬遜進駐日本的時候，完全沒有這些社群平台存在。不過，即使在社群媒體尚未興盛、完備的時代，亞馬遜用心思考對策，予以貫徹執行的理念，想要向顧客傳達的故事，仍然得以緩慢、穩健地推廣出去。

因此，大家只要認真思考，要如何有效運用目前社群平台的環境，以及「該如何傳達理念？」，付諸行動，應當可以比當年的亞馬遜更快速、確實、廣泛地傳達自己的理念。也就是說，想要成為比亞馬遜更會說故事的存在，並不是難事。

第二個觀念是：任何人必定都有他人所沒有的優勢。

我離開亞馬遜後，開始協助許多企業做傳達的工作。小規模的企業、剛創業不久的企業，甚至是老字號的企業，都曾經對我說：「我們沒有什麼值得一提的特長啊！」

我可以斷言，這是絕對不可能的，每間企業一定都有它不可取代的優勢。認為「自己沒有特長」的企業，絕大多數其實只是尚未徹底認真發揮自己的長處而已。

本書所要探討的主軸是「要如何傳達？」，同時「要傳達什麼？」也是本書必然會討論到的問題。在你翻閱這本書的時候，如果可以協助你意識到「原來我們的優勢就是這個啊！」，身為作者的我，將會感到滿心歡喜。

Story

第1章

我從貝佐斯身上學到

如何創造和傳達故事

亞馬遜是徹底實施顧客中心主義的企業

在我們開始談論「傳達」這個主題之前，首先我想談談亞馬遜的企業哲學，以及公司內部的組織結構。我認為，只要先讓大家了解亞馬遜是什麼樣的企業，就可以讓大家更容易理解貝佐斯和亞馬遜，為什麼會採取那樣的傳達方式。

針對亞馬遜的企業哲學和組織機制，市面上已經有許多書籍進行探討，我想很多人也都相當清楚了。因此，針對亞馬遜是一間什麼樣的企業，我想總結為八點來做介紹。

❶以顧客為中心

亞馬遜是徹底實施顧客中心主義的企業，公司上下都奉行「Customers Rule！」的最高原則。「Customers Rule！」就是「顧客決定一切！」的意思，貝佐斯非常喜歡這句話，經常把這句話掛在嘴邊。對於亞馬遜而言，顧客就像是北極星一樣的存在，引導著公司的前進方向。

❷不只零售，亞馬遜共有三塊事業版圖

亞馬遜的事業版圖，主要有三大區塊：零售、數位內容供應商、雲端服務供應商（參照參考資料1）。

首先，我們來談談「零售」。

日本亞馬遜的零售是透過Amazon.co.jp的平台。以總公司所在地美國Amazon.com為首，英國、法國、德國、巴西、墨西哥等十六個國家，都跟日本一樣，同步進行零售的事業（根據二〇一九年六月為止的資訊。）二〇〇〇年，Amazon.co.jp開始營運的最初，由於只有販賣書籍而已，所以被大家稱為「網路書店」。不過，隨著商品販售愈來愈多樣化，現在已經被稱為「什麼都賣的商店」（The Everything Store）。

此外，Amazon.co.jp設有「亞馬遜市集」（Marketplace），可以讓

亞馬遜以外的第三方賣家透過亞馬遜的平台進行交易，這是亞馬遜的一大特點。

而且，商品就算不是透過Amazon.co.jp交易的，也可以利用亞馬遜的物流服務來進行配送，這樣的服務稱為ＦＢＡ（Fulfillment by Amazon，亞馬遜物流。）商家收到顧客的訂單，可以通知亞馬遜：「請幫我配送這個商品〇〇個」，亞馬遜的物流倉庫就會替該公司配送商品到顧客手中。商家只須支付手續費，亞馬遜就會為商家提供倉儲管理、訂購和配送的服務。

接下來，我們來談談亞馬遜的第二塊事業版圖「數位內容供應商」。Amazon.co.jp二〇一二年開始販售Kindle電子書，Kindle是電子書事業的先驅。由於開始經營Kindle這個自有品牌，亞馬遜正式從平台的提供者，搖身一變為製造商（Maker），因此以往在Amazon.co.jp所實施的零售策略，也必須有不一樣的調整。

最後，我們來談談亞馬遜的第三塊事業版圖「雲端服務供應商」。

亞馬遜成立了另一家叫做「AWS」（Amazon Web Services）的獨立公司，這間公司的事業，簡單來說，就是提供雲端運算服務。亞馬遜是全球性的企業，為了支援、發展零售平台，以及為了因應銷售高峰的時期，例如聖誕節時期等，尤其需要一個不能出錯的強大伺服器系統。在比較不忙碌的淡季時期，伺服器就處於比較閒置的狀態，因此亞馬遜為了有效活用伺服器，才開始AWS的事業。

許多國際性企業都表示：「其實，我們有在用AWS的伺服器。」AWS的市占率是壓倒性的全球第一，美國的CIA、FBI也都使用AWS，對AWS的安全性非常信賴。

亞馬遜近期開始實施的方針，是逐漸把利益回饋給顧客。亞馬遜在零售和數位內容供應所獲得的利潤，其實非常低；不過，AWS的收益卻非常驚人，是亞馬遜最賺錢的事業。

亞馬遜的第三個事業「雲端服務」，是由另一間AWS的獨立公司負責營運的。因此，我們亞馬遜的公關部負責的，是零售和數位內容供應這兩塊的公關活動。

❸擁有「良性循環」的商業模式

亞馬遜有一套獨特的商業模式，稱為「良性循環」（Virtuous Cycle，參照參考資料2）。某次，貝佐斯在餐廳和投資人一起用餐，大家問貝佐斯：「可以向你請教亞馬遜的商業模式嗎？」貝佐斯就拿起鋪在膝上的餐巾紙，將這套模式寫了下來。

首先，販售商品的種類要多樣化、豐富，這樣上門的顧客才能找到自己想要的商品，滿意度就會提升，就會幫我們宣傳。如此一來，前來光顧的顧客就會增加；顧客人數增加，賣家數也會增加；眾多的賣家之間會產生競爭效應而降價，商品的售價就會被壓低。如果模式中的各個環節，都發揮了強大的功效，就會帶動整體的成長，形成良好的循環。

亞馬遜的每一位員工，在工作的時候，都不斷地思考「如何才能思考你（們）的核心價值，如何創造出良性循環？

加速、擴大這個良性循環」。

❹以顧客滿意度和商品多樣化為宗旨

亞馬遜有所謂的「全球使命」（Global Mission），這個社訓說的是「我們為了實現什麼而存在？」

「全球使命」強調的是「良性循環」裡的「Customer Experience＝顧客滿意度」和「Selection＝商品多樣化」，這兩點還分別加注了「地球上最以顧客為中心」與「地球上最豐富、多樣化的商品」。就我的個人見解，我認為不用「世界第一」，「地球上最強」更適合用來形容亞馬遜。

我們亞馬遜的員工，皆以「重視顧客」為目的。為了實現這個目的，我們認為最好的方法之一，就是「增加商品的多樣化」。

所謂的「商品多樣化」，不單指「擁有眾多商品」而已，也包括付款方式的多樣化，例如提供貨到付款、信用卡付款、超商付款等，以及取貨方式的多樣化，例如配送到府或超商取貨，還有收件日期的多樣化，包括當天、隔天、指定日期。我們所秉持的，比較像是「增加顧客的選擇性」這樣的概念。

我們在公司經常將「商品多樣化」、「價格」、「便利性」掛在嘴邊，不斷致力於提升顧客對這三項需求的滿意度。

❺期待與顧客建立終身的信賴關係

亞馬遜致力於「良性循環」和「全球使命」，秉持「滿足顧客需求無上限」的理念經營事業，懷抱與顧客建立終身信賴關係的決心。

不過，為了長期維繫與顧客之間的信賴關係，我們也思考到環境改革的必要性，於是進行了大膽、全面化的措施。推動倉儲管理的機器人，就是其中一例。由於人手不足所造成的進出貨問題，可能使得顧客滿意度下降，於是我們先一步採取預防措施。短期來看，由於公司的雇用人數呈現下降現象，或許會讓某些人誤解「亞馬遜很無情」。

以最高理念為出發點，思考達成目標的方法。

❻徹底將目標數據化，全體員工都掌握自己的目標

亞馬遜徹底將想要達成的目標數據化——公司內部稱為「Metrics」，意思等同ＫＰＩ（Key Performance Indicators，關鍵績效指標。）公司有了整體的年度目標達成額之後，會按照部門分配下去。所有崗位的同仁都知道「我們這週要達成的目標數值為何？」，而且馬上就可以知道自己有沒有達標。

雖然亞馬遜在工作上對數字十分要求，但是在接受媒體採訪時，卻不會提到這些數據，包括營業額、毛利、市占率等。關於這點，我會在第二章詳細說明，但主要的原因是「這些數字，與提升顧客滿意度無關。」

❼公司的組織階層非常簡單明瞭

雖然亞馬遜的事業規模十分龐大，對全球的經濟存在相當大的影

響力，但公司的組織階層卻極為簡單（參照參考資料3）。在CEO貝佐斯之下，設有資深副總裁，再來是副總裁（各國最高負責人擔任此職位），其下則是總監。我在日本亞馬遜任職期間，最高擔任到總監的職位，我與貝佐斯之間的距離，相差了兩個職階而已。

由於公司的組織階層非常簡潔，溝通起來也相對順利，內部更容易建立共識。另一方面，各單位的裁量權也相對較大。「請大家務必達成目標，達成目標的方法不拘，請各位自行思考」，這就是亞馬遜的作風。

❽不存在互相競爭的思考

亞馬遜懷有「我們是先驅」的自信，擁有「為了提高顧客滿意度而盡心提供服務」的企業哲學，所以不存在互相競爭的思考。基本上，亞馬遜會先行發掘顧客的「潛在需求」，然後開發新的服務，因此不會因為「現在正在流行什麼」，或「別家公司已經開發出新的服務」等因素而受到影響。

我覺得，這樣的態度本身是很棒的，但是對於向大眾發布新聞的公關部來說，卻是有一點傷腦筋的事情（笑）。「為什麼在這個時間點，要開始提供這樣的服務呢？」「相較於競爭對手，你們擁有什麼樣的優勢？」我們經常被媒體問到類似這樣的問題，礙於亞馬遜「不存在競爭思考」等特點，使我們不大好回答這樣的問題。

貝佐斯是世間少有的說故事高手

經過前面的八點簡介，我想各位應該可以了解亞馬遜的獨特之處了吧。

亞馬遜的創辦人兼CEO貝佐斯，非常擅長將亞馬遜的獨特之處透過故事表達出來。我旁聽貝佐斯的採訪時，或是閱讀由貝佐斯所撰寫的文章時，好幾次都覺得「怎麼可以說得這麼好啊！」至於貝佐斯的說話方式，大致上可以歸納成幾個特徵。

這些特徵，全部都從「如何才能與顧客建立長期的信賴關係」的角度出發，很有貝佐斯的「個人原則」。根據貝佐斯的這些「個人原則」，亞馬遜形成了一套獨有的溝通原則和運作方式，從亞馬遜的公關部到全體同仁，全都奉行這套溝通原則。

特徵1 具體描述某個場景

貝佐斯非常擅長描述場景，無論是聽眾或讀者，都會有身歷其境的感受。

二〇一二年，貝佐斯來日本時，接受日本《WIRED》雜誌的專訪，我當時也有參與專訪。從貝佐斯的談話中，我十分能夠體會貝佐斯當初創業的決心，下列引述雜誌刊載的部分內容。

一九九四年，我打算創立網路二手書店。當時，我在一家金融公司工作，曾經就這件事找我的上司商量。我提議：「我們一邊散步一邊聊聊吧！」於是，我們就在公園一邊走一邊談話。「我覺得這是個很有趣的點子喔！不過，一個已經擁有出色工作和職位的人，為什麼還要去做這樣的工作呢？這兩天，你再好好思考一下吧。」上司聽了我的想法之後，做出這樣的回答。於是，我認真思考了一番，也和我的太太商量過。

當時，我是這麼想的。如果我在八十歲回顧人生，假設我的這個新創事業失敗了，應該也不會感到後悔吧。但如果我沒有嘗試開創新事業，而是留在原地認真做目前的工作，應該會感到後悔吧。也就是說，人生最沉重的後悔，不會是因為Commission（受雇於人的工作），而是Omission（沒有去做該做的事）。因為感到恐懼、不安，而不去做任何嘗試，一定會讓自己感到後悔吧！（摘錄自《WIRED》雜誌二〇一二年五月二十四日的刊載內容）

對於自己做重大人生決定的場景，貝佐斯非常具體地描述，最後加上自己的感想。透過這樣的方式，讓身為聽眾和讀者的我們，在聽了他的故事之後，都非常能夠感同身受。

人生最沉重的後悔，是因為沒有去做該做的事。

特徵2 頻繁打比方的說話方式

貝佐斯講話非常喜歡打比方，為了避免發生串通、妥協的情形，他會說：「你會在3M和2.5M之間，折中取2.75M嗎？」在說明亞馬遜prime的定額制服務時，他告訴大家：「支付固定金額就能夠吃到飽，這不是更開心的事嗎？」貝佐斯的說話方式，會讓對方產生「原來如此！的確是這樣呢」的感受，進而接納他的意見。

在二〇一五年的股東信中，貝佐斯提出「Experimentation & Invention（實驗與發明）」，闡述實驗的重要性。

> 為了發明新事物，實驗是必須的。如果能夠預知是否順利，那就不叫「實驗」了。幾乎所有的大企業，都認為發明是必須的，但是他們不希望耗費無數成本投入實驗，卻遭遇到一連串的失敗。假使付出一百倍的代價，可以預期有十%的成功率，每次都應該下注才對，但十次可能有九次都不會成功……誰都知道，以全

壘打為目標揮棒時，結果很可能是三振出局。但是，就是因為有可能會擊出全壘打，所以才會揮棒的吧。棒球與商業的差別在於揮棒的時候，不管你的棒球打得有多好，最多一次也只能得到四分。商業不一樣，一旦進入打擊，有時甚至可能會得到一千分。這種長尾效應的收益分布，需要大膽冒險的精神，這就是為什麼成功者往往都耗費龐大的成本進行眾多實驗。

特徵3　簡潔傳達要點

亞馬遜的員工來自世界各國，有著不同的人種與不同的價值觀，但是亞馬遜有一套溝通原則（稍後會在第二章描述），其中一項原則就是「說話簡潔扼要」。「與你談話的人，即將在下一個巴士站下車了，你只能向他傳達三件事，你會如何表達？」在溝通原則裡，亞馬遜曾經舉出這樣的例子，說明說話簡潔的重要性。

貝佐斯本人，也徹底執行說話簡潔的原則。二〇一二年，貝佐斯說話簡潔，善用比喻，讓對方更容易理解。

訪日時，由我負責安排《日經商務週刊》的總編訪談。當時，貝佐斯表示：「成為地球上最以顧客為中心的公司，是我們的願景。因此，我們重視『商品多樣化』、『便利性』、『低價格』這三項要素，三項要素彼此息息相關。」貝佐斯將亞馬遜致力達成的目標，歸納成三點來傳達，相信你可以很明確了解吧。

特徵4 不做與顧客無關的陳述

貝佐斯在傳達時，其中一項特徵就是「與顧客無關的事，他不會去講。」

舉例來說，在接受商業雜誌的訪談時，有關公司的營業額、利潤等數字，他絕對不會提。市占率、公司與競爭對手的相對定位等數據，基本上，他也是絕口不提的。貝佐斯的理由是這樣的：「這與使用亞馬遜的顧客毫不相干，不是嗎？畢竟，不會有人這麼想：『亞馬遜營業額成長這麼驚人？那我也來使用亞馬遜吧！』『亞馬遜領先競爭對手，提供新的服務？那我也來使用亞馬遜吧！』」

站在商業雜誌的立場，他們會認為「總是會有一些數字，是和顧客相關的吧？」但貝佐斯仍然毫不妥協，堅守一貫的態度。

「與顧客無關」，這是比較極端的說法。我想，貝佐斯應該是認為，透過營業額或市占率所建立起來的顧客關係，其實只是一時的；想要與顧客建立長久的信賴關係，這些數字都是「不必要的」。

對待媒體，公關部也是以相同的立場來應對。不過，要在不提到這些數據的情況下，讓大家了解亞馬遜的成長性和優勢，我們可真是煞費苦心（這些應對方式，我將在第四章提到。）

特徵5 不發表不確定的數字

不發表不確定的數字，這點也是貝佐斯堅守的原則。公司要在什麼時間點開始新的服務，就是代表性的例子。

比方說，關於電子書Kindle在日本何時發行的問題，我們也只回與顧客無關的事不說，不發表不確定的訊息。

答：「我們會在今年盡早向大家發布新消息。」換作是其他企業，可能會回答：「我們預計在明年春季發行，現在正在籌備中。」我們不會對不確定的未來，做任何預期的發言，除非我們非常確定「服務上線後，不會造成顧客的任何困擾」，否則我們絕不開口說出任何數字。或許，這樣的亞馬遜，會讓大眾覺得很不近人情，但是「我們絕對不做讓顧客抱持期待卻又失望的事」，這就是我們的堅持。「在商品尚有疑慮的時候，就貿然發行的公司，都是沉不住氣的。」貝佐斯曾經發表這樣的看法，表達亞馬遜的立場。

特徵6 說話讓人有時間感

說話讓人有時間流逝感的方式，也是貝佐斯的特色之一。

貝佐斯經常對我們亞馬遜的員工，提起二〇〇〇年前後的「當時」——由於美國爆發網際網路泡沫，亞馬遜的股價由四十美元暴跌至兩美元的事件，藉以闡述創新的重要性。

「當時，雖然投資人和媒體都誤解我，但我是在做創新的事，投資『將來能夠開花結果的事情』。那個時候，因為我撒下種子，辛勤灌溉，才能有今日繁花盛開的榮景。

現在，如果我們不為將來撒下種子，花朵可是會枯萎的喔。為了將來可以迎接繁花盛開，今日我們也應該繼續撒下創新的種子。就算我現在做的，是會遭到大家誤解的事也沒關係。」

這樣的話，貝佐斯在訪日時，也曾告訴過我們。

貝佐斯運用「二〇〇〇年的當時」和「現在」的對比，將兩者的關聯性以非常易於理解的方式，傳達給我們每一位員工。透過這樣的方式，我們體認到「今日的成功，並不是源於今日的努力；今天不創新，我們就沒有未來」，在遙想未來的同時，也會引以自戒。

持續創新，勇於認錯。

特徵7 清白坦蕩

清白坦蕩，也是貝佐斯說話的一大特色，因為他認為：「說謊、隱瞞不想為他人所知的事實，就無法與對方建立長久的信賴關係。」他不會不分青紅皂白就馬上道歉，但如果自己真的有錯，他一定會坦白承認自己的錯誤。

二〇〇九年，美國Amazon.com的Kindle，毫無預警地刪除喬治・歐威爾（George Orwell）的作品《動物農莊》和《一九八四》。因為一些失誤，亞馬遜將未經授權的兩部作品上架販賣，事後亞馬遜採取退款給買家的補救措施，但買家卻非常生氣地表示：「我們花錢購買電子書，難道你們可以說刪除就刪除嗎？太過分了吧！」於是，貝佐斯立刻在Kindle的討論區發布了「我們的『解決方案』有欠周慮、非常愚蠢，違反我們一貫的信條……完全是我們的責任，我們虛心接受任何批評……經由這次慘痛的失誤，我們會痛定思痛，將來會做出符合企業使命的更佳決策。」在貝佐斯誠懇致歉後，終於平息Kindle用戶的怒火。

發現錯誤，就老老實實地道歉，同時承諾改進，再告訴大家未來的方針。藉由這樣的方式，誠懇修復與流失顧客之間的信賴關係。

特徵8 近乎執著地重複相同的話

貝佐斯說話的最大特色，就是「每次每次都要重複同樣的話」。

- **對相同的對象，重複相同的話。**
- **遇到不同對象，會改變一下說話方式，然後講同樣的事。**

我在前文曾經提到，二〇一二年貝佐斯訪日之際，《日經商務週刊》採訪貝佐斯，並將訪談內容刊載在「總編會客室」單元，顯示「我們已經成功讓廣大讀者了解亞馬遜的哲學，並且獲得非常好的回響」，那次的工作令我印象深刻。

在該篇報導的最後，有一個「旁白」的欄位，總編寫下了他的訪

對於自己捍衛的價值和觀念，不斷地重複敘述。

談感想。我非常了解，貝佐斯一定會對總編重複好幾次同樣的話，且容我引述全文給大家看看。

「這要由顧客決定」，「那也是要看顧客的意思」……在訪談過程中，我還真是第一次聽到像這樣不斷地將「顧客」掛在嘴邊的。「嘴上講顧客至上的公司多的是，您與其他公司有什麼不同？」我刻意向貝佐斯提出一個懷有惡意的問題。貝佐斯當時的回答，使我相信這個人講的是真的。「別的公司就算開口閉口講的都是顧客，但說到底，他們還不都是看對手的情況在擬訂策略？這跟毫無創新沒什麼不同，稱不上是先驅。」所有的戰略，都徹底以顧客為出發點，這是貝佐斯奉行的哲學，也是貝佐斯的成功心法，而且亞馬遜全體上下都貫徹這樣的哲學，在訪問貝佐斯的過程中，我強烈感受到這樣的執念。

我們公關部，也同樣徹底執行「不斷傳達相同原則」的工作。在面對媒體進行發言時，或是撰寫新聞稿時，我們一定會在開頭提到「『地球上最以顧客為中心』的亞馬遜……」，不斷地向大家傳達亞馬遜最重要的使命和價值觀。經常和我們接觸的人，應該會覺得：「你們已經講過很多遍了，我們已經非常了解了！」老實說，我們有時也滿想略過不提的（笑），但絕對還是會在一開始就鍥而不捨地向大家傳達這個原則。

相同的事，不斷地反覆傳達。一直以來，我們都堅持不懈地傳達這些明瞭易懂的訊息。我想，正是因為如此，才可以讓全世界都知道亞馬遜的哲學吧。

貝佐斯說話方式的前七項特徵，每一項我都覺得很棒，但這項特徵八「近乎執著地重複相同的話」，才是貝佐斯傳達的精髓所在，正是有這項特徵為基礎，其他特徵才得以發揮效果。

培養所有權意識，養成當責的習慣，
把所有的事當成自己的事處理。

重視說故事的企業機制

亞馬遜內部存在著全員都必須「用故事來傳達」的原則，簡單說明如下列各點。

原則1 全員都須具備領導力

亞馬遜奉行「Our Leadership Principles＝我們的領導力準則」，取這三個英文單字的首字母，公司內部都稱為「OLP」。

不管職位為何，亞馬遜的員工都被要求遵循OLP，共有十四條（參照參考資料4）。員工是否遵循OLP，公司內部會進行全方位的評量，做為升遷或加薪的判斷基準。

舉例來說，OLP的第一項是Ownership（所有權意識），詳細說明是：「領導者須具備所有權意識。領導者的眼光要遠大，不會為了短期成果犧牲長期價值。領導者的行事，不僅要考慮自己的團隊，也要考量公司整體的立場。領導者絕不會說：『那不是我的工作。』」也就是說，必須把所有的事都當成自己的事處理，以長遠的眼光思考成功這件事。

比方說，某位亞馬遜員工想到：「如果這件提案可以執行，對顧客會更有利吧？」那麼，不論資歷或業績的好壞，基本上都將由該員工擔任執行提案的領導者（負責人）。當然，主管也會提供必要支援，但是該提案的領導者，將由「最早想到提案的人」擔任。由於亞馬遜存在這項OLP的行事準則，擁有提拔領導者的思維，因此員工不能只是想到提案就好，「要怎麼做，才能真正執行這項計畫，讓計畫步上軌道、邁向成功，發揚光大？」，大家必須養成以長遠眼光思考事物的習慣。

原則2　亞馬遜的會議室會安排虛擬顧客的座位

亞馬遜在開會時，會在很醒目的位置放置一張空椅子，不知情的

亞馬遜的「空椅子」，留給「最重要的人」坐——顧客。

人看了，會疑惑「為什麼那個地方會有一張空椅子呢？」**這張空椅子，對我們亞馬遜具有很重要的意義，是專門給「虛擬顧客」坐的位置。**

「這麼重視數字和效率的亞馬遜，也有這種充滿儀式感的習慣嗎？」有人或許會這麼想吧？不過，這張空椅子發揮了非常大的效果。

「我們開會的時間，是否用於增進顧客的利益？」

「我們開會討論的內容，是否關乎增進顧客長遠的利益？」

我們設置空椅子，是為了營造出「以顧客為優先」的環境。

舉例來說，在會議中，如果遲遲無法取得結論和方向，難道要不斷延長開會時間嗎？比較嚴格的顧客一定會很生氣地認為：「竟然將我們支付給你們的薪水，用在開這種無意義的會議上？這樣要我們如何繼續支持你們！」因此，亞馬遜自然形成「嚴禁開冗長會議」、「如有進一步檢討的必要，在該次會議若無法取得結論和方向，就擇日再召開會議」的習慣。

虛擬顧客的存在，也使亞馬遜放棄一些可能會賺錢，卻不利於顧客的提案。「導入那種做法，的確會大幅降低運費成本，卻會使商品晚一個小時送達顧客手上。」如果只考慮公司的利益，就會傾向採用這樣的提案，卻讓重要的顧客蒙受損失，像這樣的情況，亞馬遜絕對會說No！

如果顧客就在眼前，會做出有利於顧客的決定，是「理所當然」的吧！許多公司的會議，往往就在顧客不在場的情況下，採納了損及顧客利益的提案。

亞馬遜用一張「空椅子」代表「顧客」，提醒自己：「所有決策的最高指導者」是顧客，要做出有利於維繫和顧客長遠信賴關係的決策。

原則3 社內的企劃提案，要用新聞稿的方式呈現

在亞馬遜內部，如要發表新的事業提案，一律規定要以下列方式呈現：

- **不使用PPT**

- **以文書形式呈現**
- **製作成新聞稿**

這些規定，可以說是亞馬遜重視「用故事來傳達」的一大證據。

所謂的「新聞稿」，指的是配合商品上市的時間，對外發布「〇年〇月〇日XX正式販售」的文稿。將新發售的商品特色進行精簡歸納後，再發布給報紙、雜誌、電視等媒體，期待能夠引發媒體的興趣，吸引媒體前來採訪。

亞馬遜每次開發新的服務，我們公關部都會與相關部門談話，然後製作成新聞稿，因此我對這樣的做法早已司空見慣。不過，才在思考「開始這項新服務是否可行？」的階段，就以新聞稿的形式發表提案……這樣的做法，其實我一開始是覺得滿奇怪的。

但是，知道個中原因之後，我就變得非常認同。由於「為提案的實現訂下日期」、「確認提案的實現，是否存在疏漏或問題」等，針對一些可能狀況預先研擬新聞稿的做法，發揮了很大的效用。

換句話說，**如果不會「逆推故事」，就無法擬定新聞稿。**

新聞稿只有一頁，我們會用以客為尊的措辭，說明新計畫的目標。我們在製作新聞稿時，會預想未來的情況，想像顧客在使用這項產品或服務時，會有什麼樣的感受，或是給出什麼樣的評價。這份新聞稿是用來說明「顧客是怎樣看待這項新提案的？」，因此最重要的，就是不帶入自己的想法，站在顧客的角度說明。

在製作新聞稿之前，要先問自己這五個問題：

1. **誰是顧客？**
2. **顧客的需求為何，或有機會享受什麼樣的服務？**
3. **對顧客而言，將獲得什麼最重要的好處？**
4. **如何知道顧客需要或想要什麼？**
5. **顧客將有什麼樣的體驗心得？**

然後彙整思考，分段整理成下列內容。

社內企劃案用新聞稿方式製作，站在「顧客」的立場著想，逆推故事。

1. 標題

- 要簡潔有力
- 條列摘要（要開始什麼服務？說明顧客能夠獲得的好處）
- 開始時期（對讀者傳達某項服務即將開始的訊息，讓他們產生期待感）

2. 第一段落

- 說明新產品或新服務是什麼（預想讀者可能不會看完全文，要準確傳達）
- 從鎖定客群開始，一開始就明確說明是針對什麼客群，以及產品或服務能夠提供什麼好處
- 說明產品或服務的內容為何（使用顧客可以理解的詞彙，在為產品或服務命名之前就先說明，名稱就暫時用﹁﹂空格來代替就好了）

3. 第二段落

- 描述可能存在的機會或需求，必須以顧客為優先考量
- 明確說明如何解決問題，不浮誇渲染，根據事實，進行有力的說明

4. 第三段落

- 提供方案或解決辦法
- 明確說明將如何使顧客享有最大化的益處，以及如何解決顧客的問題

5. 第四段落

- 加入提案負責人的意見，不用非常完備，這證明你的意見仍需要大家的支援。這個意見，要提到能夠提供顧客何種價值

6. 第五段落

- 詳述顧客體驗，包括顧客會以什麼方式發現這項產品或服務，在體驗後會獲得何種價值。這個段落的目的，在於吸引讀者嘗試這項新產品或服務

7. 第六段落

- 顧客的回響
- 顧客的回響可以是虛構的，但內容必須具體、真實性高、符合人性。藉由顧客的回響，強調顧客為何會喜歡該產品或服務

8. 最後的段落

- 貼上「詳情請看這裡」的連結

9. 附件

- 在別的頁面準備FAQ（常見問題）

藉由製作這樣的新聞稿，可以讓聽取提案的對象，例如高層主管等，具體了解該項產品或服務「鎖定的客層為何？」、「可以為顧客帶來什麼好處？」、「顧客會喜歡哪些特性？」等，然後預想這項產品或服務開始後的情景。也就是說，這樣的新聞稿，可以一口氣讓聽取提案的人，想到未來發售後的一連串畫面。

之後，再從未來的一連串畫面逆推檢視，這樣就很容易確實找出

「這真的是顧客需要的嗎？」、「具體的顧客體驗為何？」等問題點或疏漏之處。

這種新聞稿的提案方式，不僅可以訓練員工的故事思考，在檢討企劃案的時候，也非常適合做為對比原案，請各位一定要考慮導入這樣的提案方式。

此外，有關亞馬遜禁止使用ＰＰＴ這點，許多雜誌或書籍都曾提及，多數人也都很清楚。不用ＰＰＴ是因為「ＰＰＴ的資料，事後再拿出來看會看不懂」，使用ＰＰＴ的提案，大部分都只用大字列出關鍵字，然後以口頭補充說明，有時還會用影片輔助說明，加深印象。不過，事後回頭「單看」ＰＰＴ的資料，很容易發現大字的提問，根本沒附上解答啊。

提出禁止使用ＰＰＴ的，毫無疑問就是貝佐斯本人。某次，貝佐斯翻看之前會議的ＰＰＴ資料，發現內容籠統，根本就看不懂，於是他全面下令「以後，大家禁止使用ＰＰＴ！提案要用一般文章形式書

> 用一般文書形式撰寫企劃案，可以避免像PPT日後看不懂的情況發生。

寫，這樣事後再看，才知道到底在講什麼！」我記得，那是在二〇〇六年左右發生的事。

原則4 有專人負責審核新項目是否確實對顧客有利

在亞馬遜內部，有被稱為「CXBR」（Customer Experience Bar Raiser，顧客體驗水準提升者）的人員，這也是亞馬遜組織的一大特色。

我在前文說過，公司內部的企劃提案，要以新聞稿的方式呈現，亞馬遜的新提案在付諸實現之前，基本上都會先通過這幾道流程：

❶某位員工覺得：「如果有這項新服務，應該很不錯吧！」然後，就會以新聞稿的方式製作提案資料

❷向主管或新聞稿的意見提供者發表提案

❸如果主管或新聞稿的意見提供者認為「這項企劃案對亞馬遜頗具意義，應該實現」的話，就會再進行下一步

❹CXBR會審核新聞稿

❺CXBR審核完成後，再向最高負責人等決策者發表提案

在大多數的場合，提案進入正式審核之前，在流程❶和❷的期間，可以利用辦公時間向CXBR確認新聞稿或徵詢意見。如果是很大的企劃案，包含審核新聞稿在內，還會進行好幾次的審核。最早是構想階段，在獲准後，就進入擬定企劃的階段，最後再進行最終的流程檢查和文案檢查。

對於是否能夠提供顧客最高品質的服務，CXBR可謂肩負重任。在亞馬遜內部，由各部門發起的提案非常多，CXBR的任務在於用高標準來檢討或判斷「這份提案，對於地球上最以顧客為中心的亞馬遜來說，是否具有執行價值？」

Bar Raiser，就字面上的意義來說，就是「抬桿者」，指的是「在跳高比賽中，不斷調高橫桿的人。」CXBR的任務，就是負責找出「為了提升亞馬遜顧客的滿意度，真正具有實現價值的提案為何？」他們要用心鑽研非常多的新聞稿，去蕪存菁。

不過，CXBR並不是一個專任職位，而是由周邊的人推舉出來擔任的榮譽頭銜而已。我還任職於日本亞馬遜的時候，有四個人擔任CXBR，一位來自網頁編輯部門，一位來自電子商務部門，一位來自市場行銷部門，另一位則是來自顧客服務部門……他們來自不同的專業領域，在各自的領域擔任要職。雖然他們忙於自己的工作，但是為了找出「哪些企劃能對亞馬遜的未來發展做出貢獻？」，對於所有呈到眼前的新聞稿，勢必都將用心過目。

Story

第2章

建立信賴關係、累積鐵粉的

傳達工作原則

公關（PR）和廣告宣傳，到底有什麼不同？

我踏入社會已有二十五年之久，一直以來，我都從事「公關」（PR）的工作。除了日本亞馬遜，我也曾在軟銀集團、SEGA等公司工作過。為了達成各項事業目標，我曾經推動過許多重要的公關活動。本書的主題是「用故事傳達」，我想先分享我個人從事公關工作的經驗，告訴大家「怎樣才是好的傳達方式？」

說到企業的宣傳方式，一般就是「廣告宣傳」，我想大家應該都不陌生吧。那麼，公關和廣告宣傳，在本質上究竟有何不同？我想就這點跟大家分享，並且透過確認這兩者的不同，讓大家了解**「如果從公關的立場來考量『傳達』這件事，或許會很花時間，但就算不投入龐大的資金和人力，也是可以與顧客和廠商建立起信賴關係的。」**

這對原本就從事公關工作的讀者來說，只是入門知識而已，如果你覺得「這種常識我早就知道了」，請你跳讀過去吧。

公關和廣告宣傳的五個不同之處

「公關」的英文是「Public Relations」，主要的工作，就是和媒體建立良好的關係，最終有利於增加曝光率。但實際負責的工作，不僅限於和媒體打好關係而已，詳情會在本章後半段提到。

「廣告宣傳」的英文是「Advertisement」，主要的工作，就是規劃及執行如何將商品透過媒體曝光於社會大眾。

我認為，這兩者有五大不同之處，我會簡單為大家說明一下。為了凸顯公關工作的特徵，我姑且採取了比較兩者的方式來說明，但這兩者絕對沒有優劣之分，各自擁有不同的功能，兩種方式兼用的企業也不在少數。

對於想要花更多心思在「說故事傳達」的企業，我認為你們不妨從檢視現有的公關活動開始。相較於在短時間內容易看到成果的廣告宣傳，公關是需要長期經營企業品牌的工作，因為公關靠的是說故事。此外，由於公關活動不需要像廣告宣傳那樣，在短時間內必須投注大量資金，我在這裡也特別要為小企業或是知名度未開的企業，推薦公關的重要性。

提醒的話不小心說得有點長了，接下來，我就來談談公關和廣告宣傳的不同之處。

差異1 公關是用「錢」也買不到的

企業只要肯花錢，就可以在電視、網路媒體、報紙、雜誌和廣播節目買到廣告宣傳；此外，製作廣告文宣等製作物，也都得自己花錢才行。只要有好的曝光率，想要推廣的商品或服務就會大賣，品牌形象也會有所提升。講白一點，就是只要你肯「砸錢買曝光率」，基本上不大會出現「打了契約、砸錢下去，卻收不到宣傳效果」的情形。

相較之下，所謂的「公關」，大概就是「如果我們的商品和你們的方針或興趣一致的話，能夠請你們幫忙宣傳一下嗎？」的概念，這廣告宣傳走短線，公關需要長期經營企業品牌。

不是花錢就可以買到的。舉例來說，我們對新聞節目釋出「亞馬遜即將開始這項新服務」的訊息，對方要不要來採訪了解這項新服務，或是願不願意幫我們宣傳，完全都取決於對方。

正因如此，我們必須投其所好，思考「什麼樣的題材，能夠讓對方感覺有利，進而願意幫我們宣傳？」偶爾會聽到有人講：「公關就是免費的廣告嘛？」我的答案是No，因為媒體只會針對對他們的閱聽族群有益的資訊進行採訪，不管企業多麼希望媒體能夠為自家公司宣傳，對媒體來說，如果是對自己的閱聽族群無益的訊息，是不會幫忙宣傳報導的。

此外，媒體也不會替他們不信任的企業做宣傳報導。媒體在多次採訪企業的同時，也會調查該企業是否對事業目標制定戰略，並且確實進行事業活動，同時會試著了解顧客的反應，判斷是否推廣該企業給自己的閱聽族群。也就是說，所謂的「公關活動」，是企業對社會做出有貢獻的事業活動，再透過溝通讓大眾正確了解自家公司，取得社會的信賴。

差異2　公關無法決定媒體的曝光形式

「這項新服務是女性取向，所以我們就在女性觀眾較多的時段播放電視廣告，並且在三本女性雜誌做廣告宣傳。」若是廣告宣傳，企業基本上可以決定想在什麼媒體上曝光。

若是公關活動，卻要看是否能夠引起媒體的興趣，媒體如果表示「這個好像滿有趣的呢！能再讓我多了解一些嗎？」，這樣才有可能邁向下一步。如果媒體對你的題材不感興趣，就沒有下一步了。至於「能否引起媒體的興趣？」，這就要看公關的本事了。

差異3　公關無法全盤掌控宣傳內容

若是廣告宣傳，基本上都可以由廣告主決定宣傳內容——以不過分誇大，或牴觸原則為前提。比方說，「亞馬遜Prime」的電視廣告，進行廣告宣傳可以主導媒體，公關活動的宣傳權主要掌握在媒體手上。

就可以由亞馬遜自由構思廣告內容。「『亞馬遜Prime』的服務，這次就特別針對習慣使用手機觀看影片的顧客，推廣豐富的電影和連續劇吧。」「這次就特別針對單身赴任等開始新生活的族群，傳達利用『亞馬遜Prime』購買商品，可以使人生更豐富、精采的訊息吧。」決定好這些方向以後，就可以開始製作傳達相關概念或印象的廣告。

但是，透過公關活動，我們無法主導自己想要宣傳的內容。透過採訪，企業雖然會傳達一些想要被採用的觀點或關鍵字，但最後被宣傳出去的是什麼樣的內容，或是以何種方式被宣傳的，決定權握在媒體手上。「希望媒體可以多報導一些內容，所以配合採訪了一整天，最後電視節目竟然只象徵性地提到我們而已」，像這種情況也是很有可能發生的。

差異4　公關活動由對方決定評價

若是廣告宣傳，自己可以決定評價。舉例來說，開始推廣一項很有自信的新服務時，文宣可以寫上：「使用這項服務，你的生活將有大幅度的改變」，藉以吸引顧客。

若是公關活動，則會變成由對方來評價你們的商品或服務。舉一個極端的例子，你以為對方會幫你做「正面宣傳」而接受採訪，實際上報導出來的卻是負面的內容，像這樣的情況其實也是很有可能發生的。「廣告宣傳說：『透過這項新服務，大家的生活方式將有所改變！』，其實根本就沒有用！」最後，說不定會變成這樣令人傻眼的負面宣傳呢。

差異5 公關不適合「短期投資」

透過廣告宣傳提高曝光率，大都可使企業在短時間內收到一定效益。舉例來說，在新服務上市的前後兩週，在電視和報紙上密切進行廣告宣傳、提高曝光率，極有可能一口氣使得知名度水漲船高。也就是說，廣告宣傳是一種「短期投資型」的活動，如果你想「在短時間公關活動是一種長期的累積，主要在建立信賴關係。

內獲得一定效益」，廣告宣傳可以發揮很大的效益。

相對來說，公關就不大適合「短期投資」了。就像前面所講的，取得信賴需要時間，又不能自己選擇宣傳的時機點或內容；不過，只要持續和媒體打交道，不斷地傳達企業理念，不久就可以與媒體建立關係，媒體也終將充分理解你們是怎麼樣的企業。結果，媒體替你們宣傳的機會變多了，宣傳的內容也愈來愈貼近你們的期待；也就是說，公關是一種「長期投資型」的活動。

重視說故事傳達的技巧

閱讀至此，大家有何感想呢？

「用錢也買不到」

「無法決定媒體的曝光形式」

「無法全盤掌控宣傳內容」

「由對方決定評價」

「不適合『短期投資』」

列舉了這些公關的特質，好像淨是一些「這也不行、那也無法，做了也不能保證成效」的事呢（笑）。不過，正是因為如此，我們才能夠得到一樣東西，那就是與媒體和顧客建立起長期的信賴關係。

正因為報導的權限掌握在媒體手上，如果他們願意幫我們宣傳，就表示我們已經取得媒體的信賴，甚至是整個社會的信賴。媒體為我們宣傳的次數愈多，愈加深我們彼此的信賴關係。

透過媒體接收到訊息的顧客會怎麼想？經由信賴的媒體嚴選、客觀評價過的商品，顧客在接收宣傳訊息之後，會覺得「這是好東西，所以他們才會宣傳。」如果顧客多次接收到宣傳訊息，就會從「那家企業的產品、服務很……」的單一印象評價，進階成「那家企業很……」的整體企業形象評價。

雖然建立信賴關係的過程不容易、需要付出許多心力，一旦信賴關係建立起來之後，就會愈來愈強健、穩固——這是一種長期的信任。不過，以這樣的方式建立起來的信賴關係，也可能在一瞬間就瓦解，這點一定要謹記在心。

容我重申一次**「說故事傳達」的重點：自己想要傳達的概念，一定要用「對方」容易接受的形式，採取一貫堅定的態度，鍥而不捨地傳達下去。**如果一下子對顧客主打快速、低價的策略，沒多久卻改成對嚴選顧客提供高價商品，媒體或顧客很容易疑惑「那你們的定位到底是什麼？」而感到無所適從。

重視「說故事傳達」的公關活動，目標就是「不斷地傳達企業的一貫理念」，最後「成為顧客和媒體的好鄰居」。

亞馬遜公關部由少數精銳在推動公關活動

在我還在職的期間，日本亞馬遜公關部根據業務不同，共分成九支團隊各司其職。

第一支團隊，是負責企業公關的團隊。這支團隊負責整體企業形象的管理，以及危機處理的工作。社內的全員會議等大型會議，也是由這支團隊負責。

第二支團隊，是負責日本亞馬遜開店服務的團隊。在Amazon.co.jp，即使是外部的業者，若是選擇「專業銷售計畫」（大口出品）的方案，只要繳交「月費四九〇〇日圓（未含稅）＋成交手續費」，就可以「賣家」身分進行商品販賣；若是選擇「個人銷售計畫」（小口出品）的方案，「每件商品都須支付一百日圓的固定金額＋成交手續費。」亞馬遜還提供ＦＢＡ服務，由亞馬遜負責倉儲管理，只要顧客下單，亞馬遜就會代替商家進行配送。這是一套非常方便的系統，除了企業，也有很多個人賣家使用這項服務。這支團隊的工作，就是針對這些賣家進行公關活動。

第三支團隊，負責數位內容的硬體設備，針對電子書裝置、平板電腦Fire和智慧音箱等商品進行公關宣傳。

第四支團隊，負責數位內容的內容管理，主要針對Prime Video、Prime Music，以及Kindle電子書等內容進行公關宣傳。

第五至第九支團隊，分別負責書籍、家電、消費品、生活休閒和時尚類別的零售業務。這些團隊處理的商品十分繁多龐雜，因此需要分成幾大類各別負責。

我還任職於日本亞馬遜的期間，存在著前述九大團隊，至於當時公關部的員工人數，恕我無法提供明確的數字，但公關部確實是由少數人所組成的精銳部隊。各家公司的公關人員，經常會一起舉辦集會，我也經常出席集會蒐集或打探情報。亞馬遜的人和其他公關同業，經常會聚在一起談話，相較於我聽到的其他公司的公關部人數，亞馬遜的公關部人數「簡直不要太少好嗎（笑）！」

因此，「每個人只專門負責該團隊事務」，我們並沒有這樣明確的區分。隨著時機和場合不同，每個人也可能兼任數支團隊的事務。我自己在擔任公關負責人的期間，也是一邊負責某團隊的公關活動，一邊負責檢視整體的部署工作。

現在回過頭來看，「少數精銳」還真是亞馬遜公關部的一大特色！十三年期間，我參與過大大小小的公關活動，由於各事業逐年都有飛躍性的成長（經過三年時間，事業規模擴大為兩倍的驚人成長速度！），我不得不面對「要優先執行什麼公關活動？要如何提升效益？」等問題。

亞馬遜公關部所奉行的信條

亞馬遜的各個部門，都有自己的「Tenets」（信條），也就是「規定行事依據的重要價值觀」。

亞馬遜的全球使命和OLP（參照參考資料4），是由貝佐斯和幹部團隊（稱為「S-Team」）所共同制定的。至於信條，則是由各部門自己制定的。

日本亞馬遜的公關部，大致上沿用美國總公司公關部的信條。由於內容涉及了許多層面，我就摘錄幾項比較具代表性的要點，依我所理解的英文意思跟大家介紹。

全球亞馬遜在發布訊息時所秉持的信條

1. 與顧客建立信賴關係

以維繫與顧客的信賴關係為優先，對於可能損及顧客信賴的事態，以迅速、真誠的態度處理，積極防患未然，設法減輕損害，目標是獲得顧客的長期信賴。

2. 宣傳以顧客為中心的理念

成為「地球上最以顧客為中心」的企業，是亞馬遜奉行的使命。在宣傳的時候，我們也不會忘記向顧客大力傳達這樣的理念。

3. 誠實無欺

無論在何種情況，絕不為了掩飾自家公司的不當之處，宣傳會令人誤解或非真實的訊息。

4. 質勝於量

我覺得，這點特別符合亞馬遜的作風，訊息不是愈多愈好，對顧客沒有意義或不是很重要的訊息，我們不會提供給顧客。在傳達訊息的時候，我們不會過於冗長，也不採取宣傳式的溝通方式。我們會用心發掘顧客的真正需求，傳達簡潔的訊息。

5. 不在籌備尚未周全時發布訊息

這點也非常符合亞馬遜的作風。預計推出的服務項目，在體制尚未周全，或上市日期未定的時期，就對媒體或顧客發布「將來，我們會提供這項服務」等曖昧不明的訊息，並非良好的做法。我們不會在準備尚未周全時，就貿然發布訊息。

6. 不公布非必要公開的訊息

顧客關心的，是商品的豐富性、低價和便利。顧客以外的其他公司所感興趣的，諸如亞馬遜的內部數據、與合作夥伴的契約條件、演算法或營益率等資訊，我們一概不會公布。我們會思考顧客對亞馬遜的期待為何，然後針對這些事項發布相關訊息。

除了美國、日本，義大利、加拿大、德國、巴西、法國等世界十六國，都有亞馬遜的零售平台。這些國家的亞馬遜公關部，應該都是依據同樣或相近的信條在運作的吧。

質勝於量，是每間企業都重視的目標

我離開亞馬遜之後，有許多企業來找我諮詢如何對外發布訊息。我發現，幾乎所有企業都跟亞馬遜一樣，非常重視「質勝於量」。

想要發布自家公司的訊息時，或許你們的思維很容易偏向「曝光率愈多愈好」，或是會把「能夠換算成多大的廣告效益？」當作指標，但是不一定要這樣操作。

將自己想要傳達的內容，針對特定對象，發布高質量的訊息，這種做法所產生的效應，與建立長期的信賴關係息息相關。

對亞馬遜而言，不是「隨便哪個誰」，也不是「隨便什麼都好」，而是「這樣的顧客如果知道這樣的事，搞不好會成為亞馬遜的死忠粉絲呢！」進行公關活動，正是要用這樣的觀點才有效。

不要對不特定的某個誰做宣傳，要在腦海中想著目標族群的臉，然後傳達出去——我想，這是不限於亞馬遜，而是每間企業都必須重視的事。

想好要對哪些目標族群宣傳訊息，重視質勝於量。

亞馬遜公關實務：PR怎麼做才有效？

我在前文介紹了日本亞馬遜公關部的信條，我們的工作都是以這些信條為依據的。接下來，我想具體談談我們做事思維和運作機制。

替社內的人說故事傳達訊息

我們公關部的工作內容，大概是下列這樣的流程。

- **公司內部有人想要傳達什麼訊息，例如亞馬遜「法人」、貝佐斯或其他同仁等**
- **大家一起討論，彙整這個人想要傳達的事，然後故事化**
- **協助這個人說故事，有時會由公關部代替這個人說故事**

起點是「公司裡的某人」，我們公關部的主要工作就是默默從旁擔任推手。

「推波助瀾」是公關的任務

公關所要掌握的基本思考，就是「推波助瀾是可以的，無中生有的事是不行的。」

比方說，「開發了新產品」、「新服務即將上線」，只要出現具有新聞價值的事件，就可以藉此進行PR活動。透過這種方式，讓更多人了解事件的價值。「對於正要起跑的人（具有新聞價值的事件），從背後順勢推他一把（做PR）。」所謂的PR活動，大概就是這樣的概念吧。

但是，「無中生有」是不行的。「完全不想跑步的人（沒有新聞價值的事件），想從背後幫他推一把，他也不會有任何動作（PR發揮不了效果。）」即使我們一味勉強推動宣傳，如果是不符合實際需求的商品，媒體或顧客馬上就會看穿，不會買我們的帳。因此，「雖然不是很有價值，但還是希望媒體幫忙宣傳」，這根本是強人所難的找出價值和優勢，積極推動PR。

事情。

「要具備什麼樣的要素，才會具有新聞價值？」關於這點，我會在第四章詳細說明。我得很遺憾地說，不具有新聞價值的內容，是無法拿來推動ＰＲ的。

不過，要是覺得「我們公司找不出能夠吸引大眾注意、具有新聞價值的點」，就輕言放棄的話，那就太早了！我寫這本書的最大理由之一，就是想告訴大家：**「貴公司其實存在很多你們自己都尚未察覺的優秀價值！把這些優勢找出來，積極推動ＰＲ吧！」**

至於要如何發掘自家公司的價值，我將在第三章之後詳細討論。因此，你們現在還不要感到灰心喪氣喔。

公關部與各事業部門之間詳盡溝通的三個理由

「與各事業部門之間詳盡溝通，共同決定一致的目標」，一直以來，亞馬遜都徹底執行這項原則。

「你們事業部，這一年想以什麼為目標？」
「你們想要傳達的東西很多，最想優先傳達的是哪一項？」
「在你們最想要傳達的東西裡，什麼要素可能最具新聞價值？」
「你們覺得對象要鎖定哪個族群，傳達什麼樣的內容才好？」
「預估要看到多少ＰＲ效果？」

這些討論事項，我們都會和各事業部門的同仁進行溝通，然後決定明確的目標。

我們會堅持這麼做，有下列幾個理由。

第一個理由，是因為公關活動「無法無中生有」。「你們事業部的目標是什麼？」，我們藉由這樣的問題，問出故事的概要，再從「最優先的項目是哪一個？」，問出故事的要點為何。接著，再問「什麼要素，可能最具新聞價值？」，藉以找出故事的最關鍵要素。之後，我們才能完成一個內容充實的故事。由於提案的原點，完全是出於事業部的想法，聽取發想者的意見是極為重要的。

第二個理由，是為了「使推行公關活動的理由與結果透明化」。

雖說如此，「換算成廣告費用，公司整體相當於進行了○億日圓的ＰＲ活動」，公關活動的結果是沒有辦法像這樣粗估的。

所謂的「換算成廣告費用」，就是商品在電視、報紙、雜誌等媒體上，被報導出來所獲得的曝光效果和認知效果，也就是「這個ＰＲ效果，如果換算成廣告宣傳的費用會是多少？」的估算。

「在這個電視節目上播報的這些時間，換算成廣告將會是○億日圓的價值。」

「在這個報紙欄位刊登這樣大小的報導，換算成廣告將會是○千萬日圓的價值。」

像這樣換算出來的價值，是根據廣告代理商的試算所取得的精細推算。

公關的目標在於建立長期的信賴關係，其實算是很「樸實」的工作；不過，大家往往期待公關能夠帶來立竿見影的效果，動不動就把

「效益換算成廣告費用是……」掛在嘴邊。

「以亂槍打鳥的方式推行公關活動，其中某個項目被大肆宣傳，獲得極大的回響。」像這樣的結果，以公關活動來說，真的算是成功嗎？很遺憾，我並不這麼認為。為了防止這種「草率的結果」，我們會就「預估要收到多少ＰＲ效果？」徹底進行討論。

亞馬遜存在所謂的「Metrics」數值，所有的現場都對目標數值進行管理。我在前文提過，我們公關部根據不同業務，主要分成九支團隊。每個事業部門，也都設有「今年度，我想達到這個數字」的目標，因此團隊會不斷地進行討論，決定要採取哪些方法，對目標才有貢獻。

即使是負責「推波助瀾」的公關部，也和其他部門一樣，有期望達成的年度數值目標。不過，我們經常提醒自己「不求量多」，要追求「高品質」的原則。

第三個理由，是因為「人力有限」。「想讓自己的產品或服務廣為宣傳」這樣的想法，人們多少都會有。如果像亞馬遜一樣，設有達

公關活動以公司整體利益為先，切忌亂槍打鳥。

成目標數值，又積極招募能夠獨當一面的人才，在這樣的企業中，一定很容易變成「這也想宣傳，那也想宣傳」吧。

不過，宣傳可不能是「隨便什麼都好」。如同前文提到的，比起其他公司，亞馬遜的公關部是採取少數精銳主義，所以就更需要力求精準再進行宣傳。而且，公關部不會特別關照特定事業部門，而是考量什麼才是最有利於公司的整體發展，因此「你們想要傳達的東西很多，最想優先傳達的是哪一件？」，我們會針對這點確實進行討論。

不制定公司整體戰略，配合各事業部門制定戰略

根據我在亞馬遜的經驗，我現在對想要強化公司ＰＲ的經營者，或是負責公司ＰＲ工作的業界同仁，都會講下列這些話。

首先，你們要就「針對什麼事業項目，希望達到何種ＰＲ效果？」，在考量公司的事業目標上，與各事業部門徹底進行討論。如果不這麼做，你們就沒辦法發掘應該傳達的故事要素，ＰＲ的意義或

主軸也會變得不明確。

此外，要根據「質勝於量」的原則，決定「要ＰＲ做什麼？」如果沒有按照這項原則，就會變成「隨便什麼都好」，很容易亂槍打鳥，重要的宣傳效果也會大打折扣。

接著要注意的事，就是「要針對各事業部門設定ＰＲ目標」，如果可以的話，我建議把這些目標具體數值化。不要以「公司整體表現」去評估效果，應該針對各事業部門設定目標，再對照成效如何。如果不這麼做，就無法具體檢視ＰＲ的效果，提出相應的改善對策。

不過，由於公關活動是以媒體和顧客為對象的工作，就算預先設定目標，也不見得能夠按照計畫進行。即便如此，將想要達成的目標、想要傳達的故事內容、想要傳達的對象等，與各事業部門徹底進行討論，將這些東西具體化後達成共識，最後實際產生的結果，就會非常接近原本預期的目標。

不只對外，也要負責內部溝通

PR＝Public Relations，從字義來看公關的工作，經常會認為是負責打點公司外部的業務，尤其是負責與媒體打好關係。不過，我們公關部不只重視外部溝通，同樣重視公司內部的溝通協調。

讓亞馬遜全體員工對外發言一致的對策

針對對外的「傳達」和「發訊」，站在企業的立場，應該會希望「隨便找個員工來問，都是一樣的回答」吧？我指的並不是員工把上面灌輸的觀念背下來，照本宣科地傳達出去；我的意思是，公司的每一位員工，都必須從本質上了解自家公司重視的理念和價值觀是什麼，再用自己的話表達出來。如此一來，給外界的印象就會是：「說話方式雖然稍有差異，但每位員工傳達的概念都是一樣的呢！」

要達到這樣理想的狀態，也是公關部的其中一項工作。因為，員工經常會接受媒體採訪，屆時如果大家都各自表述自己的想法，極有可能會說出不符合亞馬遜理念的言論。此外，員工和親朋好友聊天，也可能變成ＰＲ的機會。因此，讓所有員工在各種場合，都用相同話語講述自家公司的優點，外界對於你們公司的形象就會趨於一致。

那麼，要怎麼做，才能夠達到「隨便找個員工來問，都是一樣的回答」這樣的理想狀態呢？

有兩個步驟很重要。

第一：將目標盡量簡化。

以亞馬遜來說，我們的使命是「販售地球上最豐富、多樣化的商品」與「地球上最以顧客為中心」。為了達成這項使命，我們重視「商品多樣化」、「低價格」和「便利性」三項要素，這就是非常簡潔的目標。而且，我們不用換個人來講，就會出現歧義的語句表現，我們會用「商品是否更多樣化？」、「價格有沒有更便宜？」、「使用起來有沒有更方便？」，讓人一聽就懂的語句來表達。

理解你們為什麼存在，重複對外和對內傳達訊息。

正因為這些目標簡單明瞭，所以亞馬遜的任何員工，都可以用同樣的詞語，對外傳達亞馬遜的優點。

第二：對員工不厭其煩地重複同樣的話。

人都是健忘的，即使再怎麼簡單明瞭，「我們的企業使命是『販售地球上最豐富、多樣化的商品』與『地球上最以顧客為中心』，為了達成這項使命，我們重視『商品多樣化』、『低價格』和『便利性』」，如果不對員工反覆提醒這樣的理念，他們就沒有辦法馬上說出這些內容。

因此，設定了簡單明瞭的目標之後，更重要的是，還要反覆不斷地提醒員工這些內容。

在這裡，雖然是題外話，但「我們組織為何存在？」，實現這個存在的意義（＝Why？），就是企業應該致力達成的目標。這個理論稱為「黃金圈」，是一位名叫賽門．西奈克（Simon Sinek）的作家，研究「偉大的領袖如何激勵行動？」歸納出來的結論。根據這個理論，比起「What？」（做什麼？）、「How？」（如何做？），人們應該更關注「Why？」（為什麼做？）。

全體員工都能夠說出企業的目標，也就是把最打動人心的強大因素「Why？」（為什麼做？），讓大量的人對外宣傳；如此一來，比起只由領導者或幹部去做宣傳的企業，全體員工群起對外宣傳的企業，理當能夠更快速與顧客建立更強大的信賴關係。

你們公司的官網，一般大眾看得懂嗎？

在檢視「我們的目標很簡單易懂嗎？」，我覺得最簡單的方法，就是看公司官網的內容。

請毫無相關專業知識的第三者瀏覽你們公司的官網，如果他說出：「我看得懂」，這表示你們的目標是很簡單易懂的。

反之，如果他說：「我看過了，可能因為我沒有這方面的相關知識……真對不起啊，我看不大懂耶！」，可能就表示你們的目標還不夠簡要明確。

「可以協助我們公司做ＰＲ嗎？」，我在接受企業經營者的諮詢時，首先會看這家企業的官網，很容易發現這樣的情況：

- **主見很強，想要傳達的東西很多，一股腦兒全部寫出來**
- **太想介紹自家公司的高超技術或產品與服務的獨特性，於是長篇大論，用了很多專業術語，使內容看起來艱澀難懂**

若是這樣的公司，我在面談時，會直接了當地告訴他們：「真對不起。我看了貴公司的官網，但是我真的看不懂。」之後，我會請他們向我解釋我看不懂的地方。「所以，你們想要表達的，是這樣的意思嗎？」我會一邊和他們溝通，一邊針對使用該企業的產品與服務會獲得什麼好處，整理出顧客容易理解的訊息。

之後，我才會正式和他們談及「要制定什麼樣的ＰＲ戰略」。

為了進行自我檢視，首先我會建議找不具備相關專業知識的第三者，來看看你們公司的官網內容。

如果被打槍「我根本看不懂」，請參考本書的第四、五章，將你們公司想要傳達的訊息去蕪存菁一番，變成簡單易懂的內容吧！

亞馬遜對員工徹底實施的溝通原則是什麼？

亞馬遜有一套與ＰＲ相關的溝通原則，即將進入亞馬遜就職的員工，在正式工作之前，我們會花一點時間請他的上司向他說明一些事。首先，就是「未經公關部的授意，請不要接受媒體採訪任何有關亞馬遜的內容。」此外，也會提醒他們避免諸如「媒體界的朋友問了我一些問題，我就……」的情況。

在接受採訪時，還須注意下列幾項溝通原則。

「故事要說得簡短易懂」

「決定要傳達的關鍵訊息為何，然後不斷地重複強調」

「營業額或市占率等自家公司的數據，絕口不提」

「也不要談及與其他競爭對手比較的內容」

「不要忘了自己說話的真正對象是『顧客』，不是採訪者」

「不要和對方私下論述」

「引用數據時，要確實說明出處」
「不對不明確的未來發表推測言論」
「不對謠言進行評論」
「不說無可奉告」

這些溝通原則是為了顧客存在

「故事要簡短易懂」，這可以說是亞馬遜進行所有溝通的主要原則。我在第一章曾經提過，亞馬遜藉由「與你談話的人，即將在下一個巴士站下車了，你只能向他傳達三件事，你會如何傳達？」這樣的例子，讓亞馬遜的每位員工了解說話簡潔的重要性。

至於不談及營業額等數字，是因為那是與顧客無關的事。不與其他競爭對手比較，是因為亞馬遜很有自信，以領先者自居。

此外，在接受採訪時，一不留神，就會以眼前的採訪者為對象發言。態度一放鬆下來，就會管不住自己的嘴巴。我們應以「顧客聽了會

說話簡潔，以「顧客」為對象，不臆度未來，引用數據要說明出處。

高興嗎？」這樣的觀點，進行適當的發言。基於同樣的理由，我們也禁止自家員工和對方私下論述。所謂的「私下論述」，就是「我只告訴你，不要宣傳出去喔！」這樣的言論內容。我覺得，這是不把顧客放在眼裡的表現。有時雖然會事先說明：「這個我們私下講講就好……」，但最後那些私下講講的內容，竟然都被報導出來，此時再來責怪對方，也是無濟於事。

至於為什麼要說明數據出處，這是因為不要讓採訪者、甚至顧客產生質疑。「人們的生活方式產生了很大的變化」，為了佐證這項事實所提出的數據，如果來源不清不楚、缺乏可信度，亞馬遜的信用就會受到損害。

此外，我們也會提醒員工，對於不明確的未來或謠言都應不加評論。舉例來說，「我想，應該很快就會正式發表了，今年秋季就會開始新的服務」，這是NG的發言。「在正式發表之前，敬請期待」，這是OK的發言。如果在尚未籌備齊全之前，就搶先對外預告，萬一過程出了一些意外，導致未能如期實現，不就辜負了顧客的期待？或是，就算遇到別人問：「我從其他公司那裡，聽說『亞馬遜即將開始新服務了？』，這是真的嗎？」考量到有可能會辜負顧客的期待，我們還是拜託員工不要多加置喙。

亞馬遜的作風是不說無可奉告

不發表營業額或市占率等自家公司的數據，不談論與競爭對手比較的內容，不對不確定的未來發表推測言論，對謠言不加評論……除了這些溝通原則，還有一項就是「不說無可奉告」。我覺得，這點也很有亞馬遜的風格。

比方說，當被問及「這項事業的營業額，現在是多少啊？」基於「營業額或市占率等自家公司的數據，絕口不提」的原則，我們無法提供任何數據，但是回答「無可奉告」，對採訪者來說是很失禮的。而且，這樣失禮的回答，也會破壞現場的採訪氣氛。

因此，姑且不論採訪者是否滿意，我們會盡可能給採訪者一些有想像空間的訊息做為答覆，例如：「有很多顧客跟我們反應，使用起來很方便，所以使用人數一直都在增加中」，「為了強化這項服務，我們上個月剛在〇〇設置相關的新設施」，「針對這項服務，我們導入了〇〇或〇〇，頗受顧客好評。」雖然無法給採訪者想要聽的答覆，至少可以提供他們做為參考或暗示的訊息是什麼？我們會要求亞馬遜的員工，事先準備好這些可以提供給媒體的訊息。

兼顧社內事業的運作，這點同等重要

負責公關工作，有一件事要經常放在心上，那就是「ＰＲ成功後的後續發展」。

舉一個很明顯的例子，有家餐飲店「自從被電視播報了以後，長達一整週，店門口都大排長龍。」如果完全沒有事先準備，在電視播報了以後，店家有可能陷入什麼樣的情境？我想，應該會遭遇下列這些狀況吧！

- 食材備料不足，很多客人雖然排隊了，卻吃不到。
- 排隊人龍妨礙交通，被鄰居投訴。
- 員工被迫超時工作或工作內容改變，感到疲憊不堪。
- 常客不來了。
- 網路罵聲不斷，店家的評價一落千丈。

在電視媒體獲得廣大回響，媒體願意播報宣傳，這樣的公關無疑

推行PR時，也要考慮公司內部的配套是否做好了。

是大獲成功的，結果卻為事業發展帶來負面效應。

推行PR時，必須考慮「內部體制是否完善？」

各行各業的企業經營者，都會來找我諮詢，請我幫忙PR，但是我經常遇到「PR成功後，事業卻因此面臨危機」的情形。尤其是滿懷理想的經營者，從創業到現在的歷程、企業理念和事業發展的方向等，各種條件都無懈可擊……但是，在「很有故事」的人身上，特別容易會遇到這種風險。

像這樣的經營者，由於本身極具精力和魅力，我對他們的case也會很感興趣。跟這樣的經營者談話，我自己都很容易預見「像這樣的故事，應該會有大批媒體感興趣吧！」

「暫且等一等！」我會在這裡稍微踩一下煞車，因為我遇過太多公司的內部體制不敷支援的情況了。

眾多媒體競相報導，造成廣大回響，這是非常值得高興的事。不過，「太多人來問了，訂單接不完」，「為了應付大量訂單，只好拿次級品或品管不確實的商品出貨」，「員工從早忙到晚，無法休息」，「員工不堪負荷，相繼辭職」……萬一出現這些情況，豈不是本末倒置了嗎？

為了避免這樣的情況，內部體制與ＰＲ的推行，兩者一定要一併考量才行。不能只顧著推行ＰＲ，讓風勢一下子吹得太旺，應該徐徐圖之，同時強化內部運作，控制穩當才好。

一旦決定公開資訊，即使狀況不佳，也要照常公開

對於那些請我支援ＰＲ的企業，我往往會請他們「一旦決定公開資訊，不管公司的狀況好壞，都請繼續公開下去。」

舉例來說，這一年的業績大好，公司以明確的數據進行ＰＲ活動，報章雜誌也以這個良好的數據幫公司做了報導。不過，某年的業績變得非常差，這個時候，媒體想要前來採訪，該公司卻說：「不好

意思，我們這期的業績很差，所以不會提供明確的數據，請不要採訪這個部分，可以嗎？」，也就是想要佯裝太平的意思。

我覺得，這是缺乏一貫性的做法，只有在自己狀況好的時候，才把對方拿來利用利用，然後見好就收，這豈不是十分狡猾！「在狀況不好的時候也不逃避」的態度，就算短時間內可能會流失一點信心，但是從長期來看，只要企業認真努力下去，丟失的信賴遲早會收復回來的。

長期信賴關係的建立，就是人際關係的建立，無論如何，都必須以誠實為本。

Story

第3章

我在亞馬遜十三年所實踐

確實讓大眾了解企業優勢的方法

配合亞馬遜的成長階段，構思PR的內容

二〇〇三年九月，我從軟銀集團轉職到亞馬遜。亞馬遜在日本開始Amazon.co.jp的服務，是在二〇〇〇年十一月，我是在日本亞馬遜開始營運後約三年的時間點，加入亞馬遜這個大家族。

在本章，我會就自己負責過的公關活動，按照時間順序，以「傳達」為題，跟大家分享一些專業經驗。至於為什麼要按照時間順序呢？因為我覺得，亞馬遜歷年來所逐步推行的公關活動，對於新創企業的經營者們，應該可以成為很好的借鏡。

二〇〇三年左右，世人對於亞馬遜的評價，大都是沒聽過或懷有負面觀感。二〇〇〇年左右，美國爆發網際網路泡沫危機，亞馬遜的股價也慘跌到「形同壁紙」。雖說如此，為了與顧客建立長期的信賴關係，貝佐斯反而挹注更多資金充實設備。在那個時候，亞馬遜的財務完全呈現大虧損的狀態，我們最常聽到的反應是「真的沒問題

嗎？」而且，當時很多女性消費者，即使知道其他網路商店，根本就沒有聽過亞馬遜。到公寓的垃圾放置處，也找不到任何印有Amazon.co.jp的紙箱。

說實在的，在加入日本亞馬遜之前，我對亞馬遜的評價，也和多數民眾一樣呢（苦笑）。我是在一九九五年左右，知道亞馬遜這間公司，也曾透過Amazon.com買過外文書籍。當時，我只覺得亞馬遜提供的服務很有意思，但亞馬遜在日本竟然能夠拓展到如此規模，我真的始料未及。想當初，一位人力仲介對我熱切推薦亞馬遜，他說：「亞馬遜是一間很有潛力的公司喔！他們的商業模式真的很棒。他們的CEO也很有領導魅力！這家公司絕對大有前途！」，然後鼓勵我去面試。我招架不住這位人力仲介的熱情，便前去參加了面試。為我面試的面試官們，一位是即將成為我上司的美國總公司的公關總監，我對他們的印象都非常好，非常想和他們一起共事，因此加入了亞馬遜。

我懷抱著亞馬遜將來一定會大展鴻圖的信念，每天都非常努力地工作著。但是，亞馬遜居然能夠達到今日的品牌認知度、使用率和事業規模，從當年的我們看來，真是又驚又喜啊！我覺得，亞馬遜的成長之路，簡直無異於新創企業，因此我想和大家分享我的經驗。

「以『傳達』的角度來回顧亞馬遜的成長軌跡，大致上可以分成幾個階段？」

「在各個階段，我是以什麼樣的想法推動PR的呢？」

不過，「我可是做了這樣的事情喔！」，我的用意絕不是想向大家誇耀實績。我和媒體接洽，也不是每次都能獲得篇幅或報導，不如意的情況也不少。雖然感到有一點汗顏，但還是希望這些經驗能為讀者帶來一點收穫。

亞馬遜的成長歷程，可以分成三個階段

我在二〇〇三年加入亞馬遜，在二〇一六年離開亞馬遜。在我看來，Amazon.co.jp從上線營運的二〇〇〇年到二〇一五年為止，以五

年為劃分，大致上可以分成三個階段。

第一個階段（二〇〇〇年～二〇〇五年左右）

「讓大家認識亞馬遜」的時期

在第一個階段，多數人「雖然知道其他的網路商店，但是根本就沒有聽過亞馬遜。」有些人即使聽過亞馬遜，「這家企業可靠嗎？」，對亞馬遜的營運，也是抱持著懷疑的態度。當時的亞馬遜，正把販售的商品種類擴大到音樂、DVD、遊戲軟體、家電和廚房用品等類別，但是提到亞馬遜，大家的印象還是停留在「啊！我知道這家公司，是網路書店，對吧？」，仍舊以為亞馬遜只有在賣書而已。

因此，在這個階段，我們的首要工作，就是將亞馬遜的目標（願景）、優秀的商業模式、亞馬遜重視的三項要素（商品多樣化、低價格、便利性）等，以簡單易懂的方式宣傳出去，讓社會大眾知道亞馬遜的存在。之後，再進一步以亞馬遜的作業系統為中心，例如：倉庫的進出貨、物流的運作等，宣傳亞馬遜的特色。

第二個階段（二〇〇六年左右～二〇一〇年左右）

「讓大家體驗亞馬遜」的時期

經過五年的努力，亞馬遜在日本終於提高了品牌認知度。因此，在這個階段，我們要讓大家體驗亞馬遜的服務，確實感受到使用亞馬遜的好處。我們邀請到專門探討各行各業的生活風格雜誌編輯，來參觀日本亞馬遜的公司設備。此外，我們也意識到「要找誰來講述亞馬遜的好處，才可以讓亞馬遜融入大家的生活呢？」這類問題，開始在公司內部蒐羅適當的人才。

第三個階段（二〇一一年左右～二〇一五年左右）

「讓大家參與亞馬遜」的時期

正式邁入品牌認知度提升、用戶增加的繁盛階段，愈來愈多人表示「想要利用亞馬遜的平台做生意」，於是出現了「亞馬遜市集」（能在Amazon.co.jp販售商品）和「ＦＢＡ服務」（亞馬遜提供倉儲管理、訂購和配送的服務。）因此，在這個階段，我們致力於對賣家等商業夥伴進行ＰＲ活動。

二〇一二年，隨著電子書Kindle正式上線，亞馬遜成為自行開發、販售Kindle裝置的製造商。「用Kindle看書」的新行動，要如何融入群眾的生活習慣中，就是這個時期的ＰＲ重心所在。

至於我們在各個階段，分別推行了何種ＰＲ策略，我隨後會向大家說明。

亞馬遜的厲害之處，在於「倉庫重地」！

二〇〇〇年～二〇〇五年左右的第一個階段（我進入亞馬遜是二〇〇三年），是「讓大家認識亞馬遜」的時期。「請讓日本的顧客了解亞馬遜的目標，以及亞馬遜重視的三項要素：商品多樣化、低價格、便利性。」一位於西雅圖的美國總公司，對日本亞馬遜下達了這樣的指示。

為了掌握內部資源，向各部門徵詢意見

二〇〇三年，我進入日本亞馬遜擔任公關部的負責人。我上任後首先執行的第一件事，就是向各部門徵詢意見，因為我想先簡單了解一下「亞馬遜的現有資源（優勢）是什麼？」透過各部門回報給我的訊息，我了解亞馬遜擁有的各方面優勢，基本上可以歸納成下列各點。

- 商品種類比我想的還要豐富。以書籍為例，除了新出版的書籍，連

很久以前出版的書都有庫存，這就是所謂的「長尾」。

- 送件非常迅速。日本國內的包裹，可以在一～三日內收到——當時仍處於「在網路商店買了東西，要到快要忘了時才會收到」的時代。亞馬遜的「迅速」，是一項極大的優勢。
- 暢銷商品的排名等數據非常完備。包含長尾商品在內，幾乎都掌握了即時數據，這是亞馬遜的一大特色。
- 提供貨到付款的服務。用信用卡結帳在歐美國家是很尋常的，但當時多數的日本人卻持保留的態度。付款方式有選擇性，可以提高便利性，這也是一大賣點。
- Amazon.co.jp的搜尋功能很完備，網站的搜尋功能非常容易操作。
- 亞馬遜可以根據顧客的購買傾向，經由內部的演算法，挑選出適合顧客的商品，推薦給顧客，這也是一大優勢。
- 設有顧客評論的功能。不由賣家推銷，透過實際使用者的評論，顧客可以取得更公正、客觀的資訊。

前述這些從各部門蒐集得來的各種資訊，對於宣傳「商品多樣化」，或是「低價格」、「便利性」等特點，都是極為有利的資訊。

媒體最感到好奇的，就是「為什麼可以這麼速達？」

我在向各部門徵詢意見的同時，也向我之前工作結識的媒體朋友們，請教了一些問題。透過「你對亞馬遜的印象為何？」，「你對亞馬遜的哪一點最感興趣？」，「你想簡單了解亞馬遜的哪一點？」等問題，我整理出一些大家對亞馬遜的簡單疑問。

我發現，當時的媒體朋友對亞馬遜最感好奇的是：「為什麼可以這麼速達？」

既然如此，我們只要設計一個機會解開謎題，就可以吸引外界的關注了吧。於是，我進行下列整理：

- **公司想要傳達的要素**——商品多樣化、低價格、便利性
- **公司的優勢**——庫存、配送、結帳方式、數據……

想要傳達的要點＋自身優勢＋對方想知道的事＝關注。

- **對方想要知道的事**——為什麼可以這麼快送達？為什麼連這麼冷門的利基商品都有？為什麼可以這麼方便？

物流中心正是亞馬遜的核心所在

在與各部門的談話中，最吸引我注意的，就是亞馬遜的物流中心——亞馬遜內部稱為「履行中心」（Fulfillment Center）。二〇〇三年當時，亞馬遜的物流中心只有一個據點，設置在千葉縣市川市。二〇〇五年，亞馬遜的物流中心轉移到就近新設的據點。當時的我所聽到的，只是日本亞馬遜在黎明時期的物流中心而已，與現在的物流中心相比，雖然在各方面都還未臻完備，卻有好多地方讓我感到吃驚。

當時，一般人看待網路企業，基本上大都抱持著「只要業績不好，應該很快就會收攤了吧？」這樣負面的評價。那是因為在大家的印象裡，亞馬遜只是電腦上的虛擬網頁而已，大家無法想像在這些網頁的後面，還有多少工作人員、多麼巨大的實體設施等。而且，當時許多人對網路商店的評價，還是「不知道可不可靠？」，懷疑成分居多。

我實際向各部門請教之後，才知道在亞馬遜的巨大物流中心裡，庫存了龐大數量的商品，而且除了稱為「picker」（揀貨人員）的工作人員，還有數百名員工辛勤工作著。「擁有這麼實在的設備，員工人數這麼多，大家卻不知道，真是太可惜了吧！」我當時如此感嘆著。

為了「就算早一分一秒也好，趕快送達顧客手中」這樣的想法，在日本亞馬遜的物流中心裡，商品的陳列方式，也為了方便揀貨而精心設計。這套系統化的運作方式所獲得的利潤，亞馬遜會用於改良設備，或是更改售價回饋給顧客，這就是傳達亞馬遜的三大要素「商品多樣化」、「低價格」、「便利性」的最棒優勢。「就是這個！」，我發掘到亞馬遜的最棒優勢，非常開心且迫不及待，產生這樣的想法：「不讓大家了解物流中心，就無法推廣日本亞馬遜。趕快邀請媒體朋友來採訪物流中心吧！」

不過，要執行這件事有難度，因為物流中心是亞馬遜的核心所在，戒備十分森嚴，連亞馬遜的員工也不能輕易出入，是貨真價實的「倉庫重地」。

身為公關負責人的我，想對物流的負責人請教一些相關資訊是很順利的，一旦提及「可以參觀一下物流中心嗎？」，「那個……沒有辦法耶……」，對方就會面有難色。正因為知道亞馬遜的核心就在物流中心，站在公關部的立場，當然是「想讓更多人知道」。不過，也由於物流中心是充滿商業機密的場地，站在物流管理者的立場，當然是「盡可能謝絕參觀」。我們雙方的立場，是互相對立的。

與眾不同的存貨配置方式

經過我千拜託萬拜託，物流中心的負責人終於點頭答應了，讓我看看物流中心的內部。物流中心的內部，再度讓我吃驚不已；簡單來說，就是顛覆我一貫以來對於「整理、整頓」的認知。

舉例來說，有一套漫畫書名《A》，總共有十集；一般來說，

《A》的第一集旁邊會放第二集，然後放第三集……全套應該會放在同一處對吧？出人意料的是，亞馬遜物流中心的內部管理卻不一樣，《A》的第一集到第十集，竟然是散放在倉庫各處的！《A》的第一集放在3-1號，第二集放在5-4號，第三集放在7-2號……大概是像這樣的陳列方式。乍看之下，就是揀貨應該會很花時間的感覺，但是他們給我的理由是：「就算集數繼續增加，我們也不必傷腦筋，照樣在倉庫裡找個空位放著就好」，「號碼離得愈遠，拿錯第五集跟第六集的可能性就會減少」，我聽了也覺得這樣滿有道理的。

至於如何提升商品的揀貨效率，當時的亞馬遜也獨家開發出一套最新的揀貨系統。物流中心的揀貨人員多達數百名，一邊看著比現在的智慧手機稍大一點的裝置螢幕，一邊推著裝了商品的手推車行走著。這台裝置安裝了亞馬遜獨創的軟體，畫面會顯示下一個需要揀貨的商品是什麼，以及這項商品是放置在哪個貨架上。只要按照指示揀貨，就可以用最有效率的路徑執行揀貨作業。在揀取多項商品時也一樣，只要根據導航系統的指示移動就可以了，真的非常有效率。看在當時的我的眼裡，亞馬遜的物流中心，彷彿擁有「魔法地圖」。

雖說如此，如果在物流中心裡面奔跑，員工很有可能會撞在一起，這是很危險的事。因此，picker都以安全為第一要務，肅然、有秩序地進行揀貨。我個人覺得，亞馬遜物流中心的作業情形，就像「在採取會員制的好市多裡面安靜購物」一樣。

從TOYOTA的「持續改善」理念獲得啟示

值得一提的是，暢銷商品與長尾商品的庫存管理，是完全不一樣的。像是幾十箱在當天傍晚就要全數出貨的暢銷商品，就沒有分類的必要。Picker會把這些商品放在容易揀貨的地方，貨箱也會打開，然後picker會陸續揀貨裝進推車裡。我去看了一下這些紙箱，馬上對於當前亞馬遜的暢銷商品一目了然，也讓我對於尋找下一個題材，有了一些想法。另一方面，偶爾才會有人訂的長尾商品，則會被分類，存放在沒那麼容易取得的地方。

亞馬遜的物流中心，就是基於「要怎樣才能快速、確實出貨給顧客？」的前提下，進行管理與改善的。

貝佐斯受到TOYOTA「持續改善」（カイゼン）的理念影響很大。某次，我曾在採訪的場合，聽他談起一件事。

「亞馬遜在世界各地，都持續進行改善活動。某次，我們請來某位曾在TOYOTA工作過的人參與改善活動，我自己也參與。當時，由於某個房間布滿灰塵，我正在打掃，那位男性來到我的身邊，對我說了這段話。

『貝佐斯先生，我贊成房間必須保持乾淨。不過，為什麼要用掃把打掃呢？為什麼不將髒汙從源頭根除掉呢？』

這真是非常好的建議，只要找出產生灰塵的根本原因，就不需要拿掃把來打掃了吧！」

從源頭解決問題。

貝佐斯從日本企業學到了「系統化」的重要性，他從世界最高水準的日本自動車製造商、電器製造商，在當時都理所當然採用的先進系統中，得到了非常多的啟示，並將新的理念運用在千葉縣市川市的物流中心系統上。

在零售業的領域，亞馬遜的系統不僅擁有極高水準，也極具獨特性。「如果把大家一直想知道、卻無法一探究竟的『內部』公開出來，一定可以取得大家的信賴和認同！」當時的我，就是這麼想的。

第1號採訪者：日本《讀賣新聞》的攝影部門

由於物流中心是亞馬遜的「倉庫重地」，把所有東西都公諸於眾是不可能的。可是，唯有讓外界一探亞馬遜物流中心的內部，才有可能讓大家知道亞馬遜的優勢所在，而且行事遮遮掩掩的，也會讓外界產生不信任感。

由於物流中心非常重視安全，也必須執行最快將商品送達顧客手上的使命，所以物流中心的主管們，對於外界人士要來參訪一事，存有很大的顧慮。不過，我的想法是，讓外界看到物流中心內部的運作方式，就可以讓大家感受到亞馬遜的努力目標、三大要素和決心。

在亞馬遜的OLP十四條領導力準則中（參照參考資料4），有一條叫做「Dive Deep」（追根究柢），當時的我正是需要追根究柢的時候。「真的不能給外界看的，我們就不要公開。但是，為了向外界證明亞馬遜『配送迅速』、『商品豐富齊全』的優勢，我想讓大家看看，我們物流中心的出貨作業是怎樣的。」我向相關單位使出纏功，鍥而不捨地溝通協調，最後他們終於同意了，答應接受採訪。

picker拿著「魔法地圖」，井然有序地揀貨；一萬八八〇〇坪的倉庫裡，存放著龐大商品的情景，以及輸送帶上的紙箱，以目不暇給的速度被打包完成，貼上收件人標籤，緊接著送往出貨區的情景……我擬定了前述這樣的採訪流程。

最早前來採訪日本亞馬遜的，是全日本發行量第一的《讀賣新聞》的攝影部門。他們來到亞馬遜的物流中心，一邊發出驚嘆聲，一邊拍下物流中心的各處情景，最後報導了能夠充分顯示亞馬遜優勢的圖文內容。

這篇報導一刊出，隨即獲得讀者極大的回響，最明顯的效果出現在徵才上面。住在物流中心附近的居民們紛紛表示：「我看了報導，員工都在乾淨、安全的空間作業。我也想來這裡工作看看……」，在我們想要徵才的時候，前來應徵的人數也順利增加了。

具有公信力的媒體，確實報導了我們公司的優點，結果直接對徵才產生良好的影響——這就是我從事公關工作，由衷感到喜悅的時刻。

採訪初始，我們帶媒體朋友前往的是「安全道場」

媒體朋友來亞馬遜採訪的時候，我們首先會帶他們到物流中心的「安全道場」。

所謂的「安全道場」，就是為了在物流中心內部安全工作，進行職前訓練的場地。包含picker在內，所有在物流中心內部工作的員工，為了避免發生危險，都必須先在「安全道場」學習適當的說話音量、正確的貨物搬運方式，以及內部的安全守則等。此外，為了方便員工理解，物流中心所使用的工具或交通規則，「安全道場」裡也都有展示。

無論當時或現在，亞馬遜始終秉持著「為我們工作的人，也是『顧客』」的想法，絕對不容許同仁們在工作場合發生任何危險。因此，為了避免員工在轉彎時相撞，轉角處都設有鏡子。而且，所有人員都必須靠右側行進，工具也都有規定的放置位置。剪刀或美工刀等刀具，為了避免遺失，全部都用繩帶繫著，用完就要歸回原位。在物流中心各處，都有維護員工安全的各種設計。此外，由於倉庫非常大，同仁們可能會為了節省時間用跑的，物流中心內部也特別制定「絕對不可以奔跑」的規定。這些規定，我們也要求採訪的媒體朋友必須徹底遵守。

在進行正式採訪前，我們特地帶媒體朋友前往「安全道場」，是基於下列幾個理由。

第一，要求媒體朋友對現場的安全意識、安全行動擁有共識，這樣即使他們進行採訪，也不會耽誤員工快速將貨物送達顧客手上的出貨作業。

第二，讓媒體朋友事先了解亞馬遜的物流中心，是很令人安心的安全工作環境，再進行採訪和攝影。

第三，就是讓媒體朋友了解「亞馬遜為什麼可以這麼速達？」，這件事不是只用一句話就可以說明清楚的。

從事公關工作，往往會遇到媒體詢問：「可以告訴我們是哪一項祕訣，讓你們能夠如此迅速？」，「如果請你舉一個最關鍵的要素，那是什麼？」我非常了解大家希望知道「單一祕訣」的想法，但我們之所以能夠這麼迅速，絕對不是只取決於單一要素而已。想要達到「稍微快那麼一點」的改善目標，是需要所有流程進行千萬次的配合，實在難以總結成一點。我們先把媒體朋友帶到「安全道場」說明一番，再請他們進行採訪，像這樣「請舉一個……」類型的問題，就非常戲劇化地減少了。

《國王的早午餐》播出《哈利波特》新書堆積如山的景象

「什麼！所有作業流程都這麼快速嗎？」

「什麼！這種東西也能暢銷？」

前來採訪的媒體朋友，一旦在現場發出驚呼，他們吃驚的樣子，都會很有臨場感地傳達給觀眾或讀者。託大家的福，很多媒體都來採訪我們的物流中心。

日本TBS的長青綜藝節目《國王的早午餐》，也曾因為《哈利波特5：鳳凰會的密令》的新書發售，來到亞馬遜的物流中心採訪。

某次，我和物流中心的員工聊天時，聊到《哈利波特》的話題，就順口問了一句：「有多少進貨呢？」對方回答：「大概有一個在商品上市前，搭配強力媒體曝光，可以有效推升熱度。

二十五公尺長的游泳池那麼多吧。」當下，我實在是太訝異了！由於我也很想見識一下，就對《國王的早午餐》發出採訪邀請，他們也表示很感興趣。

物流中心的同事，幫我們把《哈利波特》的新書集中在同一個地方，高高地堆疊起來，組成一個二十五公尺長的游泳池大小。劇組把這個景象拍攝下來，以「讀者預購的《哈利波特5：鳳凰會的密令》，亞馬遜已經完成出貨準備！接下來，就等發售日的到來」為題播報出來。由於這本書是亞馬遜的強推商品，加上節目播出，許多觀眾都陸續上日本亞馬遜網站購書。

黑膠唱片的貨架與日俱增

我在亞馬遜的第一個階段，幾乎都會陪同媒體朋友到現場採訪。由於頻繁進出物流中心，我有機會留意到暢銷商品的變化，或是一些意外暢銷的商品，真的是滿有趣的。我一邊提問：「連這種東西也有在賣呀？」，「這個也能暢銷？」，一邊從物流中心的同事那裡取得了各種訊息。每天我回到辦公室，就是調出實際的銷售數據，加以研究，進一步確認商品的暢銷情形。

某次，我發現物流中心的黑膠唱片貨架，有不斷增加的現象——好像比之前多了，又更多了……就是可以讓人明顯感覺到增加了那樣。因此，我請教了負責的同仁：「黑膠唱片流通得這麼快嗎？」對方回答：「是啊！流通得非常快喔。」

當時，我覺得這項「發現」，可以運用在亞馬遜的PR上面。「我們的商品很豐富齊全喔！連『如今已經被CD所取代』的黑膠唱片，也都庫存齊全喔！而且，商品數量還在持續增加中。」我們可以對外發布這樣的訊息。

容我談一下題外話，從東京的中目黑車站徒步十分鐘左右，有一家卡式錄音帶的專賣店「waltz」，老闆名叫角田太郎。聽說，卡式錄音帶的專賣店，全世界僅此一家而已。這位角田老闆，其實是我當初還在亞馬遜工作時的同事。他運用以往的經歷，使日本亞馬遜的ＣＤ和ＤＶＤ的事業都步上軌道，之後開始負責書籍、日用品部門等其他類別的商品。

角田太郎在日本亞馬遜工作了十四年，在四十五歲左右，他覺得「我應該開始追求自己真正想做的事了吧！」，就一頭埋入了自己最喜愛的卡式錄音帶的世界了。

亞馬遜與卡式錄音帶這樣的組合，很多人聽了可能會覺得「這好像相反的趨勢呀？」我想，角田老闆能夠察覺到「復刻商品會暢銷」，應該是根據他在亞馬遜任職時所學到的經驗吧。

仙杜瑞拉登場！幫亞馬遜抓住潛在顧客

經過「讓大家認識亞馬遜」的第一個階段，二〇〇五年左右，來到了「讓大家體驗亞馬遜」的第二個階段。這個階段的任務，就是讓大家體驗亞馬遜的服務，實際感受到亞馬遜的優點。

五周年紀念，請電視節目《Gacchiri Monday》播出大特輯

亞馬遜進入第二個階段的序幕，我到現在仍然記憶猶新。日本TBS的節目《Gacchiri Monday》，在二〇〇六年某個週日早上七點三十分，播出了三十分鐘的亞馬遜大特輯。

當時的亞馬遜，主要的顧客來源是商業人士。這些商業人士日復一日投入繁忙的工作，由於對Amazon.co.jp的豐富商品、清爽且方便操作的購物網頁、到貨迅速，以及各種便利性感到滿意，因此成為亞馬遜的愛用者。這些商業人士極具影響力，經常透過部落格等社群平

台，傳達使用亞馬遜的正面體驗。因此，我們經常尋找對更多商業人士進行PR的機會。

我在之前的工作，結識了《Gacchiri Monday》的負責人。二〇〇三年，我轉職亞馬遜以來，一直拜託他「請一定要報導我們亞馬遜。」但當時的日本亞馬遜，仍處於名不見經傳的時期，加上公司的原則是「不公開營業額等數字」，所以對方對我們的請託總是有所遲疑。

幾經周折，Amazon.co.jp在二〇〇五年十月慶祝上線五周年，我對《Gacchiri Monday》的負責人說：「請來採訪我們的物流系統。還有，你們也可以採訪我們公司的五周年活動，可以找我們各部門的員工進行訪問喔！」對方隨即回覆：「這樣嗎？那我們就去採訪吧。」

節目播出之後，收到了極大的回響。「為什麼在亞馬遜下單，可以這麼快到貨啊？」原本對這件事感到疑惑的民眾，終於得以解惑了，亞馬遜的使用人數也因此增加。此外，節目還幫我們導入「什麼樣的員工，秉持著什麼樣的想法在工作」的視角，使我們公司內部的氛圍，可以如實地傳達給觀眾。感謝節目的宣傳，加深了大家對於亞馬遜的認知和理解。

亞馬遜出現愈來愈多專家人才

在亞馬遜發展的第二個階段，我們公關部特別致力於尋找公司內部的資源和優勢——具體而言，就是「要找公司內部的誰來說故事，才具有說服力？」

這個時期的亞馬遜，已經從各行各業吸收了許多具有特殊經歷、背景和技能的人才。我們希望讓這些特殊人才走到幕前，幫亞馬遜抓住更多潛在顧客。

我們根據這樣的概念：「希望各位可以就自己負責的類別，分享一些愉快的工作體驗」，衍生出一項企劃，在《每日新聞》上連載。我們請負責網站製作、內容開發的同仁，與全國性報紙共同合作，針對讀者的煩惱和意見，定期在報上推薦書籍。

此外，我們也請一些對電影、動漫非常在行的員工，上電視發表評論。至於對水很了解的專家，則請他們在綜合報紙上分析相關趨勢……眾多領域的專家就此而生。

一有機會，我們就向媒體朋友釋出亞馬遜內部有許多特殊人才的訊息。如此一來，除了取得在媒體曝光的機會，也有很多媒體委託我們進行調查，例如這些例子：

- 新聞媒體委託我們了解「目前最熱銷的水是哪一種？」
- 婦女雜誌委託我們了解「暢銷水排名數據」
- 網路媒體委託我們了解「最新DVD暢銷數據和說明」

我們致力於發掘公司內部的優秀人才，讓他們到幕前分享愉快的工作體驗，以期提升顧客的滿意度，讓顧客覺得「使用亞馬遜的服務，除了感覺『很划算』，還能獲得『快樂』、『開心』的體驗。」我們希望將亞馬遜這樣的理念，傳達給更多人知道。

聽說，亞馬遜內部有一位仙杜瑞拉

在我們致力於尋找內部特殊人才時，我聽到一個很有趣的傳言，就是「公司裡，有一位被稱作『仙杜瑞拉』的女性喔！」

一番打聽之後，我才知道這位女性在物流中心工作，在時尚類別的鞋子部門任職。於是，我馬上就跑去一探究竟。

這位女性負責「實體化」網路販售鞋子的版型差異，提供試穿報告。一問之下，我才知道她是透過亞馬遜的時尚團隊招募進來的鞋子試穿人員。由於她的腳的大小、寬度和小腿肚的尺寸，都相當於日本人的平均尺寸，所以在多場招募會中脫穎而出。她每天的工作，就是試穿各款新進女鞋的23號（23公分長），記錄「這款的楦頭有點緊」，「這款的版型稍微偏大、鞋跟很細」等試穿報告。

同樣是23號，也會隨著廠商或鞋子形狀等的不同，產生截然不同的穿著體驗。由於網路商店無法提供試穿，很多顧客因為「不知道實際穿起來怎樣，所以不敢買。」為此，亞馬遜費了不少心思，希望能把試穿體驗「實體化」，我當時覺得「這位『仙杜瑞拉』的存在，將會是傳達亞馬遜故事的好題材！」

當時的亞馬遜，相較於書籍、家電等類別，服飾或鞋類等時尚類別的認知度還很低。而且，顧客大都以男性居多，我們的努力目標，就是讓更多女性顧客看見亞馬遜。因此，在取得這位「仙杜瑞拉」的同意下，我們開始了ＰＲ的作戰計畫。

企業參訪的最後，就是仙杜瑞拉登場

我以「大人的社會科見學」為主題，對女性時尚雜誌或女性生活雜誌的編輯和寫手，提出「要不要參加亞馬遜的時尚見學團呀？」的邀請。我們租了一台巴士，到日本亞馬遜的東京總公司迎接參加者，然後帶他們前往市川市的物流中心。

我們以鞋類為中心，向他們介紹了物流中心所有的時尚類別商品。我對他們解說：「其實，亞馬遜從這麼高檔奢華的商品，到這樣冷門的商品，通通都有在賣喔！」

見學團最後的重頭戲，就是我們的「仙杜瑞拉」。

我們的「仙杜瑞拉」在物流中心的一個角落，將新進鞋款的23號，一雙一雙地進行試穿，然後把穿起來的感覺和鞋子特點打成報告。我們一行人保持一點距離站在一旁看著「仙杜瑞拉」工作的樣子，大家都看得非常投入。我告訴他們：「想在網路上購買鞋子，我們都會很在意合不合穿的問題，可能會考慮『我的腳比較寬』，『大拇指總是被鞋子磨得很痛』等，為了盡量降低顧客的不安和不滿，這位專業的小姐，負責幫大家確認每款鞋子的版型大小，並且提供試穿心得，大家都叫她『仙杜瑞拉』喔！」

利用工作空檔，「仙杜瑞拉」來和見學團的大家打招呼。在她拿出的名片上頭，明確寫著「仙杜瑞拉」的頭銜，這張名片是我們在見學團之前，以玩心製作的。

以社內人才為焦點，也是公關活動的一大賣點。

經由這次參訪，透過令人印象深刻的「仙杜瑞拉」，參觀者似乎都感覺到「亞馬遜竟然用心至此」了。

社內臥虎藏龍！為特殊人才量身打造故事

我們公關部，以公司內部有「仙杜瑞拉」這號人物為賣點，製作了一個公關故事。**以社內人才為焦點——這個方法適用於任何企業或組織，非常推薦給大家。**

社內如果有「專心開發〇〇商品幾十年」，或是「擁有特殊經歷而擔任管理職」的人才，或是周圍的人都說「在某某興趣領域，沒人比得上他」這樣的人才，如果特質和公司想要傳達的故事很相近，我覺得就可以請他們來協助ＰＲ的相關活動。

接下來，我想稍微談一下ＰＲ活動的效果。在這個以「仙杜瑞拉」為焦點的「大人的社會科見學」活動之後，有些雜誌為我們報導了「仙杜瑞拉」的故事，有些沒有。

即使如此，我覺得這項企劃還是「非常成功」的。因為參與活動的媒體朋友，開始了解「亞馬遜竟然有賣這麼多時尚類別的商品啊！」，「亞馬遜為了提高顧客滿意度，竟然做到這種程度啊！」他們對亞馬遜從此有進一步的了解，這個建立長期信賴關係的第一步，可以說是相當成功的。

之後，「要做網路時尚特輯時，再來找亞馬遜合作吧！」，「亞馬遜除了『仙杜瑞拉』，好像還有很多有意思的人啊！改天再來詢問看看」，如果可以讓媒體朋友進一步產生這樣的想法，那就更好了。

其實，藉由「大人的社會科見學」這項活動，我們成功和許多時尚圈人士搭上線。之後，亞馬遜的時尚事業部門，成立了自己的新聞聯絡室，主要負責對媒體「出借商品」。我們對雜誌的造型師說：「只要把亞馬遜列在服飾或鞋子的供應商裡的話，就出借商品給你們使用喔。」時尚雜誌列出供應商時，有些會標示「服飾製造商與亞馬遜」，或者只秀出「亞馬遜」。

服飾製造商擁有新聞聯絡室，對外出借服飾或鞋子的情況並不少見。但是，在零售業，當時聽說也只有伊勢丹百貨會這麼做而已。我們的做法，在網路商店是非常罕見的。我們之所以會這麼做，也是希望「與女性雜誌的業者和讀者，建立長期的信賴關係。」

可以申請寵物假的公司

在第二個階段的ＰＲ活動裡，還有一個就是設定「寵物假」的公關故事。二〇一〇年，亞馬遜的「寵物用品店」正式開張了，我來談一下前後的布局過程。

亞馬遜是對寵物非常友善的企業，美國西雅圖總公司對寵物非常寬容（現況如何，我不是很清楚，我敘述的是當時的情況），甚至允許員工帶狗狗上班。在日本，基於大樓安全性的考量，沒有辦法像美國那樣讓員工帶狗狗來上班；不過，還是有很多人因為認同亞馬遜的寵物友善等作風，才到亞馬遜工作的。

我當時的想法就是：將「寵物用品店」正式開張的訊息傳達給媒體時，能不能運用這個特點加以發揮？

「我們的『寵物用品店』要正式開張了！」，如果只有這樣的內容，當然無法成為引人注目的新聞。對於傳達者而言，「我們要增加一個新類別了！這是大事件喔」，或許是一則很重要的新聞。但是，站在訊息接收者的立場，他們的感受應該會是「喔……是這樣啊。也要開始販售寵物用品了啊……。」對目標族群來說，如果只有傳達這樣的訊息，一般只會有『是喔！』，『原來是這樣啊！』的反應而已。

若是「可以帶狗狗一起上班的亞馬遜，也要開始販售『寵物用品』囉！」，以這樣的內容來宣傳，感覺吸睛效果還是不夠強，因為這是美國總公司的實例。難道沒有其他好點子了嗎？我想了許久，突然想到，要不另外發一則「日本亞馬遜可以讓員工申請『寵物假』」的新聞如何？

我剛剛說的是「突然想到」，因為那個時候，公司根本就沒有那

你（們）有什麼比較與眾不同的吸睛特點，可以當作故事題材？

樣的制度啦（笑）。

因為這件事，我特別找人資部商量了一下。「因為寵物的關係，申請有薪休假是可以的吧？我想用『寵物假』這一點來推行PR，可以嗎？」人資部答應了我的請求。不過，實話跟你們說，有薪休假並未因此增加，所以人資部才會這麼輕易說OK。但其實這也是因為亞馬遜原本就有「寵物對我們而言，是非常重要的存在呢！」的共同價值觀，所以公司才會這麼輕易就答應的吧。

經過前述種種歷程，「寵物用品店」在日本亞馬遜正式開張時，我們把下列訊息一併傳達了出去。

- 「寵物用品店」要開張了
- 亞馬遜是對動物友善的企業，在美國總公司可以帶狗狗一起上班
- 日本亞馬遜有「寵物假」的有薪休假制度

我們以亞馬遜的企業風格和寵物假做為陪襯，宣傳了「寵物用品店」的開張。反過來說，我們也藉由「寵物用品店」開張的話題，宣

傳了亞馬遜的企業風格和休假制度。

「寵物用品店」的開張、狗狗ＯＫ的企業文化，連結了這兩個點，再加上「寵物假」，把這些要素結合起來，就變成一個公關故事……

這就是如何創造故事的範例。

開始販售Kindle電子書，執行讓顧客產生共鳴的企劃

歷經到二〇〇五年左右的「讓大家認識亞馬遜」的第一個階段，以及到二〇一〇年左右的「讓大家體驗亞馬遜」的第二個階段，來到了從二〇一一年左右，進入「讓大家參與亞馬遜」的第三個階段。在這個階段，亞馬遜販售的商品類別愈來愈多，各行各業的商業夥伴，也都加入了亞馬遜的交易平台。

在這個階段，有幾個重要的主題：一是用來強化商品多樣化的「亞馬遜市集」的擴展，二是亞馬遜開始販售Kindle電子書，再來是三一一的東日本大震災。

二〇一一年左右，亞馬遜正處於致力擴大「亞馬遜市集」的時期。所謂的「亞馬遜市集」（Marketplace），就是讓亞馬遜以外的賣家，共同在Amazon.co.jp販售商品的服務。

乍聽之下，你可能會覺得，亞馬遜和賣家不是競爭對手的關係嗎？「這樣，亞馬遜不會吃虧嗎？」，但事情並不是這樣的。賣家愈多，Amazon.co.jp的商品就愈多樣化，這是很棒的事。商品也比較不容易缺貨，顧客也會因為參與的賣家眾多、選擇更多，而陸續上線光顧，這就是貝佐斯當初寫在餐巾紙上的「良性循環」的商業模式（參照參考資料2）。

不過，當時的情形和我們理想中的商品齊全相比，賣家數量還有極大的拓展空間。我們希望邀請更多更多賣家，參與我們的交易平台。

此外，亞馬遜在二〇一二年開始販售Kindle電子書，這對Amazon.co.jp來說，也是邁向新里程碑的一大事件，因為亞馬遜一直以來，都是做採購和販售的零售事業而已。但是，在開始Kindle電子書的新事業之後，亞馬遜也開始販售獨家開發的電子書裝置，除了經營零售事業，也成為製造商。

二〇一一年，發生了任誰也無法忘記的三一一東日本大地震事

地方創生也是很好的賣點，在地特產行銷全國。

件。「亞馬遜應該做什麼？」，我們必須迅速、真摯地面對這個重大課題。

將奄美大島的在地美食推廣到全日本

首先，我想分享一則與「亞馬遜市集」相關的PR活動。

為了增加「亞馬遜市集」的賣家，首先我們還是很傳統地從成功案例著手。「在商店街經營黑膠唱片行的高齡老闆，很開心營業額有了大幅度的成長。」我從社內負責的同事那裡，聽到了許多類似的成功案例。

當時，「亞馬遜市集」的事業部門，跑遍了全日本召開說明會，努力遊說店家：「請問您要不要使用一下我們的『亞馬遜市集』服務呢？」無論是深山或離島，我們的事業部門都前往拜訪，借用當地的鄉鎮公所舉辦說明會。我打聽過參加說明會的都是些什麼樣的人，發現大都是把商品拿去當地販賣中心寄賣的商家，或是製作「內行人才知道」的商品的賣家。

當時我就想：「這個超有賣點的！把這些只有當地人才知道的商品，透過亞馬遜平台送達全日本顧客的手上，這項計畫完全可行呀！」於是，我們就向媒體建議，為了加強介紹當地美食的企劃：「你們何不在店家的同意下，拜託他們讓你們跟拍從開店準備到獲得成功的過程呢？」

由各地豐富的自然環境生產出來的豐富商品，從開始做生意到達成目標為止，這段期間的種種過程，任何一位賣家都會成為很棒的故事。託大家的福，許多媒體採用跟拍的方式進行採訪，獲得了廣大回響。

其中，令我印象非常深刻的案例，是鹿兒島縣奄美大島的在地甜點商家。聽說這間店的老闆對我們的「亞馬遜市集」很感興趣，我們公關部便向店家拜託：「請問您可以接受電視節目的採訪嗎？」，對方答應我們，最後由日本電視台的新聞節目《news every.》進行跟拍。

節目內容從店家聽了亞馬遜的說明會後，決定在「亞馬遜市集」

販售商品，到商品一販售就大賣，從頭到尾播放出來。節目播出後，收到了非常好的效果，賣家、媒體和亞馬遜都很滿意。最重要的是，我們能夠為收看節目的觀眾（亞馬遜現在和未來的顧客），傳達這些正面、好康的訊息，這是亞馬遜最感欣慰的地方。

「之後的情況還好嗎？」，後續追蹤很重要

針對「亞馬遜市集」，公關部也落實了追蹤工作。隨著「亞馬遜市集」認知度的不同，我們著重的焦點也跟著改變。

「在一般大眾尚未認知到『亞馬遜市集』的存在」時，「實際運用」的案例有很大的說服力。因此，我們請媒體報導我們走遍全國各地舉辦說明會，店家「考慮之後，決定使用看看」的過程。這樣的報導，可以讓其他店家產生「我也想試試看」的想法。

經過這種「我也想試試看」的階段，隨著「亞馬遜市集」的認知度提升，就變成「實際獲得成功」的案例，才會具有很大的說服力。

因為在這個階段，大家會質疑「使用上好像很容易，但真的賣得出去嗎？」因此，我們會訪問「亞馬遜市集」的用戶，請教他們「哪些地方，你覺得很不錯？」「有收到什麼回響嗎？」「生活上有什麼改變呢？」之後，我們在對媒體或有意願嘗試的商家進行「亞馬遜市集」的內容說明時，可以把這些用戶反饋拿來運用。很感謝商家讓我們在各種說明場合，以實名的方式呈現，也很感謝各界的協助。

把商家「剛使用的時候」與「使用數年後的現況」兩個時期的感想串聯起來，就變成一個歷經數年的故事。我這樣說，你可能會覺得「這是理所當然的事，還用特別講嗎？」但很多負責PR的人，會因為「不大想對同一個對象訪問好幾次……」，「忙到忘了……」等理由，沒有進行後續追蹤。若是想和對方建立長期的信賴關係，這實在是很可惜的事。

過去曾在採訪、新產品試作檢討會、說明會等各種場合接觸過的顧客，現在還可以取得聯絡的話，我建議請一定要追蹤他們後續的

和客戶保持聯絡，進行後續追蹤，蒐集到的反饋可以是有效情報。

發展。萬一出現了負面的評價，比方說，顧客表示：「一年前還有在用，現在已經沒在用了」，就可以請教他們「為什麼不再使用了呢？」或許，這些顧客的意見，很可能成為改善服務的重要關鍵呢。

開始販售電子書裝置Kindle，亞馬遜成為製造商

二〇一二年，電子書Kindle正式販售。出於開始販售自己獨立研發的電子書裝置Kindle，亞馬遜搖身一變成了製造商，這在公司內部來說，是非常大的事件。

到這個時間點為止，其實亞馬遜並沒有特別做什麼廣告宣傳。我們一直都是按照貝佐斯提倡的「良性循環」（參照參考資料2），也就是「只要顧客滿意，自然就會口耳相傳」的思考模式。

所以，我們在口碑行銷的政策上，採取了一些方案。亞馬遜獨家研發了「夥伴計畫」——亞馬遜聯盟（Amazon Associates Program），會員在自己的部落格或網站介紹Amazon.co.jp販售的商品，讀了該篇

文章的人如果購買商品，亞馬遜就會支付介紹費。這項計畫的普及，非常有效地引導顧客光臨Amazon.co.jp。此外，我們也投注心力於SEO（搜尋引擎最佳化）對策，在Google、Yahoo等入口網站進行搜索，第一順位就是出現Amazon.co.jp的網頁連結。

另一方面，亞馬遜幾乎不投注心力於電視廣告等廣告宣傳。亞馬遜曾經為了測試，僅限於某區域或針對時尚類別打過電視廣告，由於難以估算對績效數值產生什麼樣的影響，之後都沒再打過這類廣告了。

然而，像Kindle這種顧客不熟悉的新自有品牌，為了推廣，我們判斷「應該還是需要廣告宣傳。」相較於PR活動的目的在於建立穩健的關係，廣告宣傳的目的，則是期望在短時間內，能夠收到一定的效果。我們當時的想法是，順利站穩腳步、達成營業額目標，讓新領域的新商品可以步上軌道。所以，亞馬遜便開始為Kindle打電視廣告；除了電視廣告，也在報紙、雜誌和電車車廂內打廣告。

順道一提，Kindle的廣告宣傳活動，是由Kindle事業部的宣傳團隊所主導的。我們公關部與他們合作，再去進行PR活動。由於這個時期收到的廣告效果，使得亞馬遜之後特別針對「亞馬遜Prime」等數位內容服務，大力進行廣告宣傳。

增加Kindle女性用戶的企劃案

成為販售Kindle的製造商後，我遭遇到前所未有的難題，那就是我們在做PR時，必須以美國那套說明產品性能的商品說明書為本才行。

為了提升顧客滿意度，亞馬遜一貫落實在地化哲學，當時針對PR活動，也是給各國相當程度的裁量權。不過，由於Kindle是全球統一規格的原創商品，相關行銷方式的主導權，還是掌握在美國總公司的手中。在PR的原則上，我們也被要求在「製作新聞稿時，要提到全新的顯示技術，或是新世代的照明前燈、進化版的中央處理器等商品特色。」像這樣的文宣，對美國喜好科技裝置的顧客而言，或許是很容易看懂的訊息，不過「在日本，尤其是對女性顧客而言，可能不好聯想那是什麼樣的體驗吧！」

於是，我試著進行交涉，卻收到「這是上級決定的內容，所以……」的回覆。最初，我們甚至被要求「請直接把英文翻譯成日文當作新聞稿」，真是毫無施展的空間啊！後來，上級慢慢軟化了，告訴我們只要抓住重點就ＯＫ，但我們還是希望有更多空間推動ＰＲ。後來，早期採用者（early adopters，對最新技術感興趣的族群）取向的媒體，幫我們推廣了Kindle，卻無法進一步吸引到更廣大的消費族群。我們都感覺到，主打ＣＰＵ等性能訴求的方向，已經遭遇到瓶頸了。

於是，對一般大眾來說，仍然相當陌生的Kindle，我們就能從「Kindle與大家切身相關」的角度進行宣傳。舉例來說，我們與某大雜誌公司的女性生活雜誌，合作了一項「身邊多了Kindle的生活」的企劃案。我們想要告訴大家，Kindle能夠在什麼樣的場合派上用場，並且透過異業合作，以及平面和網路企劃進行推廣。

我們的主題是「跟我的Kindle一起出門吧！」比方說，「在旅行途中想要看書，但行李已經很多了，所以只能帶一本小型的文庫本出門。如果有Kindle的話，就可以看幾十本自己喜歡的書了！」（實際要閱讀的話，必須購買Kindle裝置和電子書，這裡先暫且不論。）

此外，我們也邀請媒體總編輯、模特兒和人氣部落客協助代言，以實體活動搭配網路上的社群媒體進行連動行銷。我們邀請到擁有許多粉絲又喜愛閱讀的模特兒或部落客，幫我們把實際使用Kindle的感想，透過社群媒體發布出去，這項企劃獲得許多女粉絲的熱烈回響。

另外，日本亞馬遜也首次在原宿設置了為期三天的快閃店（Pop-up Store）。為了讓大家體驗一下擁有Kindle的生活，我們把快閃店設計成像房間一樣，讓街上往來的行人，可以輕鬆拿起Kindle實際進行操作。我們也對媒體釋出訊息：「我們第一次開設快閃店，請一定要來看看」，媒體都應邀前來參與。

重視兩大關鍵：「切身相關」與「真實體驗」

在第三個階段，也是將「讓顧客感到切身相關」的活動，推廣到社會全體的時期。在消費品的類別，由負責的工作人員與公關部攜手合作，針對忙碌女性推出「發現美的方法」的「Amazon Beauty Lab.」的企劃案。這項企劃的領導人，由熟知化妝品、也是亞馬遜用戶的名人來擔任。除了配合季節變化介紹不同膚質適用的美容產品，以及人氣商品的排名之外，也在網路上發布快速美容法等最夯的美容情報。而且，我們不只透過網路而已，還會定期舉辦一些活動，召集用戶一起參與體驗。

「切身相關」與「真實體驗」，是第三個階段非常重要的兩大關鍵。當事業發展到一定程度，商品或服務的數量增加，我們發現「自己想要傳達」的念頭變得愈來愈強烈。為了避免這樣的情況，我們一直運用各種方式進行事前研討，但是也不見得能夠完全避免只顧著宣公關的職責之一，就是「讓社會需求與企業需求趨同」。

傳自己的情況發生。

「讓社會的需求與企業的需求趨同」，我認為這是身為公關人員的重要工作之一。為了做好這件事，我們就來擔任「能夠輕鬆調查社會需求的人」吧。「在什麼樣的場合，您會想要使用這項服務？」「如果舉辦這樣的活動，您會想來參加嗎？」我們先向顧客或媒體探詢社會需求的資訊，再反饋給各事業部門。所謂的「橋梁」，就是成為各相關者之間的媒介。

如何透過事業活動支援社會？

亞馬遜存在這樣的思維：「當人們遇到困境，不是透過金錢（但我們也有在自己的平台上舉辦募款活動），而是透過我們的事業活動進行支援。」我絲毫沒有「金援就是不好」的意思，只是透過事業活動進行長期、持續的支援，這個想法深植於整個亞馬遜企業，最大的理由就是「透過事業活動，才能夠真正提供長期、持續的支援。」

二〇一一年三月十一日，發生了東日本大震災。日本亞馬遜為此召開了緊急會議，除了緊急對受災的物流中心進行修復，我們也討論「能夠為受災民眾做些什麼？」「受災民眾如果上Amazon.co.jp PO文表示：『我們需要一百捲衛生紙、五百個垃圾袋、三百碗杯麵』的物資需求，看到這則訊息的人若表示：『好的，我支付其中十捲衛生紙的費用，待亞馬遜送過去之後，請拿來使用。』」我們商討之後，打算建立這樣的一套系統，這是從顧客身上得到啟示並付諸實現的支援計畫。

我們在蒐集災區情報時，發現受災現場出現物流配送混亂的情形。有些地區收到超出需求的物資，有些地區根本沒有收到任何物資，還有一些的情況則是，即使物資堆積如山，卻因為人手不足，無法即時將多餘物資送到有需求的地區。

將真正有需求的物資，在最需要的時候，配送足夠數量到災民手上，這就是我們打算建立的系統。這套系統也可以讓提供支援的一方，具體看到自己的支援行動如何派上用場。我們認為，亞馬遜的平電商平台能是高效的物資救援平台，事業活動也可以用來支援社會。

台或許可以勝任這項工作。某人願意支付十捲衛生紙、某人願意支付三十個垃圾袋……來自各處的善意，讓我們可以將需要的物資，以真正需要的數量，配送到災民手上。

經由這件事，我們也了解到，當事人「真正需要」的東西，與非當事人「想像中需要」的東西，往往存在相當大的差異。舉例來說，我們發現用於野外洗澡的浴盆或水管很熱銷，還有工作時換穿的便宜T恤也賣得很好，便將這些資訊對媒體公開，希望有利於之後的救災對策。

「收到了！」、「真的幫了大忙」等，我們也為這些收到商品的災民們，開了一個專門表示感謝的網頁。我們認為，讓伸手援助的一方，知道自己的援助以何種形式傳送到誰的手上，也是很重要的事。

之後，亞馬遜從德島縣開始，陸續與多個行政機關締結協議，承諾會在緊急災害發生時，即時提供迅速的支援行動。

雖然這不是PR活動的一環，但這是遵循亞馬遜的理念「為了建立長期的信賴關係，我們應該做些什麼？」所實踐的行動，這件事令我們永難忘懷。

Story

第4章

優化PR品質

如何將訊息故事化

「說故事傳達」的三項成功祕訣

在這一章，我想來談談如何與媒體及顧客，建立起長期的信賴關係，以及為了建立長期的信賴關係，要用什麼樣的方式傳達訊息會比較適當。

關於這點，我就我一直以來「說故事傳達」的重要原則，歸納成三項祕訣與大家分享。

祕訣1 徵詢對方的意見，模擬真實的情境

「我們所面對的對象是誰？」，這是我們公關部時常謹記在心的一件事。

比方說，想要拓展電子書Kindle的市場，若是有了這樣的想法：「如果能讓更多女性顧客使用Kindle，該有多好？」，那就直接請教女性顧客看看吧。

用舉例的方式詢問對方意見，把情境具體化，讓對方想要身歷其境。

但是，與其丟出「請問，妳會想在什麼時候使用Kindle？」這種毫無鋪陳的問題，「我想，在ＸＸ這樣的情境下，妳會想使用Kindle吧？」，應該先預想幾種情境，再去詢問對方。

「妳去國外旅行度假時，會看小說嗎？」

「妳會利用午休時間看商業書嗎？」

「妳會在吃完晚餐，收拾整理告一段落，陪孩子念書的時候，看一些實用書籍嗎？」

這些都只是假設而已，在詢問對方的意見時，可以用舉例的方式詢問，委婉地請教意見。

「在旅途中，會想要看點書吧！」如果很多人都這樣回答，那麼「度假旅行時的良伴Kindle」，將會是推廣Kindle的切入點。

接下來，就可以進一步把情境具體化：

- 在旅途的某日，把Kindle放進托特包出門散步
- 在海邊吹著徐徐海風，坐在咖啡桌前

- 用Kindle下載了多達三十本喜愛作家的小說
- 從中挑選一本最合心意的書，開始閱讀
- 次日早上，在飯店陽台，挑選其他作家的一本書，開始閱讀

把情境具體化，可以讓對方產生身歷其境的感受，讓對方覺得「我也好想要那樣喔！」我經常說，**「要營造出使用者可以想像的情境。」**

如此一來，就決定了想要達到的「理想光景＝目標」。

祕訣2　以逆推的方式思考故事

決定想要達到的「理想光景＝目標」之後，「如何引導對象採取我們期待的行動？」，再來就是從目標進行逆向思考。

舉例來說，就是模擬出下列這樣的流程：

- **女性顧客在出國旅行時，隨身帶著Kindle裝置**

↑

- **為了達到前述這項目標，要讓使用者不排斥隨身攜帶，而且要便於**

決定目標之後，採取逆向思考，擬定企劃內容。

操作

↑

- **為了達到前述這項目標，要讓使用者實際感受到Kindle裝置的輕便，以及體驗閱讀的樂趣**

↑

- **為了達到前述這項目標……**

結合祕訣1和2，「為了讓女性顧客在旅途中，能夠愉快地使用Kindle閱讀，我們要尋求女性生活雜誌的協助，請有影響力的女性體驗Kindle，幫我們逐步推廣出去」，就可以擬出這樣的企劃案。

像這樣從目標逆推回來的思考方式，亞馬遜稱為「逆向思考」（Thinking Backwards）。我在第一章介紹的「公司內部的企劃提案，要以新聞稿的方式呈現」，也是基於同樣的道理，亞馬遜非常重視這種從目標逆推回來的思考方式。我覺得，在「創造與傳達故事」上，這種「逆向思考」掌握了最大的關鍵。

祕訣3 不是「對象是誰都可以，內容隨便什麼都好」

推行PR活動傳達訊息時，很容易會有「愈多人知道愈好，內容愈多愈好」的想法。**我很能夠理解這樣的想法，但實際上這種做法到最後，常常會變成亂槍打鳥，或是大家根本搞不清楚你要傳達的主旨是什麼。**

「這與我有關，我想了解」，傳達訊息最重要的，就是要能夠讓對方覺得切身相關。設定目標情境後，再開始逆向思考企劃內容……根據這樣的流程來「創造、傳達故事」，自然就不會變成「對象是誰都可以，內容隨便什麼都好。」

PR的負責人，不能對單次的PR效果有過多期待，也不要貪多，因為這些都不過是為了建立長期信賴關係的其中一環而已。推行PR活動，要取得公司內部的理解，也要調整自己的心態，這是很重要的。

PR不是做多就好，定位愈高明，愈能收受良效。

最後，我要提的這個案例，與亞馬遜的PR活動一點關係也沒有。但是，身為PR，我真心覺得十分高明，那就是三菱電機二〇〇六年發售高級電子鍋「本炭釜」的行銷手法。

首先，他們對銷售對象的定位十分高明。這項產品的主要銷售對象，定位在雖然不景氣，但相較之下仍然小有儲蓄的團塊世代（二次大戰後出生的第一代。）這個世代的消費者，據說以前就是用炭釜（鐵鍋）煮飯來吃的。因為這是每天都必須使用的東西，CP值很高，很容易讓人聯想到全家人吃著好吃的米飯、臉上洋溢著幸福笑容的情景。當時的電子鍋市場，平均價格大約在一萬日圓上下，價格至少三、四倍起跳的高級電子鍋「本炭釜」，硬是殺出了一條血路，這是一則用故事宣傳商品優勢的好例子。

與媒體交涉前，有三項須知

在這一篇，我想和大家談談與電視、雜誌、網路等媒體建立關係之前，要先有什麼樣的心理準備。至於我為什麼要談論這個主題，是因為我覺得本書的讀者，如果是從事PR相關工作的人，很可能會遇到「我想和媒體打好關係，但不知道應該從何做起？」，或是「我想加強和媒體的關係，但不知道要從哪方面努力？」等難題吧。

與各家媒體交涉前，先做點功課

這裡有幾項大前提，想要提醒大家記住。

第一：媒體人是很忙的。

當然，大家都很忙，但各家媒體有嚴密的時效性，愈是知名的媒體，拜託他們採訪的人一定很多。因此，他們真正的想法，不是「隨便給我什麼訊息都好」，而是「請盡可能去蕪存菁，給我真正優質的訊息就好！」

首先，請一定要預想，我們要交涉的媒體人，都是非常忙碌的。

第二：每個人關注的領域不同。

不同媒體各自會有不同的關注主題，媒體人也都各有專攻。

以專業家電雜誌為例，編輯A先生是負責微波爐等調理家電類的人，B先生負責音響、電視類的AV家電，C先生則是負責手機類……我說的大概就是這樣的概念。

當你要對自家公司新研發的咖啡機進行PR，打算與這類專業家電雜誌聯繫時，比起在致文時寫「○○雜誌XX收」，寫「○○雜誌調理家電負責人A先生收」一定比較好，因為對A先生來說，新研發的咖啡機訊息和他有關。

不過，「誰負責什麼領域，要如何得知呢？」，我想這是很多人的疑問。「我沒有接觸過這家媒體，怎麼可能會知道這樣的事？」，大家會這麼想吧。

其實，只要認真做一下功課，這類資訊不難得知。以報紙為例，翻開全國性報紙來看，負責撰文報導的記者，大都會署名「記者〇〇報導」。大致瀏覽過幾份報紙，就可以知道「負責調理家電欄位的，都是同一位記者呢。」

至於在雜誌等刊物，雖然不大會出現編輯的名字，但是撰文者的名字，或是資料整理者的名字，大都會被寫出來。「這個人都是負責調理類的特輯啊！」，仔細觀察，我們就會知道這樣的資訊。若是電視節目，在片尾製作人員的名單中，也會出現工作人員名單或製作公司的名字吧。

此外，利用社群媒體確認資訊也是可行的。雜誌或節目的工作人員若有更換，也會發出一些訊息。只要仔細尋找，就會知道「這個人是這個領域的負責人吧。」

最重要的是，要找出「誰收到訊息會覺得高興／誰會對這些訊息感興趣」，再把相關訊息傳送給對方。

所以，**首先要瞄準一家「最能夠把自家產品或服務的價值，傳達給目標顧客了解」的媒體，可能的話，再進一步琢磨「該由這家媒體的哪一位來傳達訊息最為適當。」**

順道一提，我們一旦與媒體朋友建立關係後，往往會透過臉書、領英（LinkedIn）、Eight（名片管理）等社群媒體聯絡，也會看到對方的發文或動態。看到對方的私人發文後，「這個人真是熱中冬季運動啊！」，「這個人有了孩子以後，生活方式有了很大的變化呢」，便可以得知這些資訊。「什麼樣的訊息，會讓對方高興呢？」對方所關心的人事物，可以成為我們的思考線索。

第三：最重要的是「質」勝於「量」。

媒體人都很忙，而且每個人關注的主題都不一樣。一旦開始推行PR，很容易會想「盡可能釋出訊息給愈多媒體知道愈好」，「要盡所能地提供訊息。」也就是說，很容易淪為即使媒體不大感興趣，也只想著頻繁釋出「大量訊息」給不特定的多數媒體，還有就是「想要盡可能結交更多媒體朋友。」

基於這樣的想法，就到處參加活動和媒體朋友交換名片。「我有那家媒體某某的名片喔，這家媒體某某的名片我也有」，不小心就為自己廣結媒體人而沾沾自喜。

或是，「我把介紹我們公司的資料都一起寄給您了」，一下子就寄出多達數十頁的公司介紹，以及新商品的型錄等，這些都可以說是走「重量」戰略的路線。

PR的目標在於「和對方建立長期的信賴關係」，這樣的做法，我覺得不是很適當。而且，對不特定的多家媒體同時釋出訊息，對方會想：「這個訊息也對其他媒體發布了吧？」「這個訊息，我只想對您發布」，我想，媒體朋友如果聽到這樣的話，應該會感到開心？不過，也不應該操之過急，如果讓對方覺得「突然太過熱絡有點累」，那就得不償失了。**「以何種方式釋出訊息，才可以讓對方欣然接受呢？」這項大原則請千萬要掌握。**

聯絡媒體之前先做點功課，針對不同專業領域做好細分，提供有用情報。

不要急著一下子就想要衝大量，「從和一個人經營好關係開始」，我覺得就十分足夠了。

與媒體合作，要投「好球」給對方接

我在前文和大家分享了與媒體朋友交涉前的幾項須知，實際交涉時，該怎麼做才好呢？

「看準時機！」

「抓對題材！」

「郵件內容先簡化成三到五行就好！」

在我看來，這就是交涉時的最大原則。

看準時機！抓對題材！

前文提到，首先要瞄準一家「最能夠把自家產品或服務的價值，傳達給目標顧客了解」的媒體，再進一步琢磨「該由這家媒體的哪一位來傳達訊息最為適當。」因為這樣，我們在寄送郵件時，就可以確實打上收件人的名字。

與媒體交涉，最重要的是時機和題材力度。對於「想要建立長期優質關係」的對象，要在「對方覺得這個內容非常適合的時機」，或「這是對方會欣然接受的好題材」的基礎上提供訊息。

談到「時機」，從媒體的立場來思考，會有兩個。

第一個是，「何時會想要發布這則訊息？」，也就是「季節性」的問題。比方說，自家公司想要PR的是針對花粉症研發的商品，我們預想，媒體可能會在四月製作花粉症對策的特輯，當然就要在「早於四月」的時間點提供訊息。

第二個是，「要提供給媒體的訊息，能夠研討到什麼時候？」，這指的是「截止期限」的問題。舉例來說，月刊的四月號，假設編撰作業期間大概是二月中旬到三月上旬的話，那麼訊息就要在「二月上旬左右」送出去最合適。如果是每天編撰報導的報紙媒體，三月中旬左右送出去比較合適。

實際上，每家媒體都有不同的製作進度表，所以一開始我們都只能靠自己推測；不過，如果跟對方有交情，就應該請教對方最合適的時間點。我個人認為，時機的早晚，應該大致上都可以估算得出來。

「剛好我現在想要的就是這類訊息呢！」，在對對方而言的最佳時機發布訊息，就是最好的做法。

接著，來談談題材的力度。

舉個淺顯易懂的例子，與其用「改良版咖啡機上市了」這樣的訊息，我更想用「市面上前所未見、全新研發的咖啡機新發售」與媒體交涉。

或許，有人認為：「如果每次都能有這麼強有力的題材，ＰＲ活動都輕鬆做就好了嘛！」對於想要長期合作的媒體，在首次向對方釋出訊息上，我覺得不用操之過急，先想清楚再發出訊息比較好。

此外，就算是乍看之下力道不怎麼足夠的訊息，「對這家媒體而言，或許是很有吸引力的吧？」，「加了這些解說，用這樣的故事來傳達訊息，題材就會變得很有吸引力吧？」只要自己「後製」一下，就可以創造出有力題材。關於這點，我也會在後面談到。

郵件內容先精簡成三到五行就好！

抓對題材、看準時機，傳達給最適當的對象。

我建議，可以先用電話向對方傳達主題，讓對方留下印象，再發郵件補充說明。如果無法透過電話聯絡到負責窗口，或是要不到聯絡信箱，就發信到公司的客服信箱即可。或許這會很花時間，但如果可以明確標示相關人士，我想對方應該都會回覆的。

大家要特別注意的一點是：**「先將郵件內容控制在三到五行以內，如果對方表示感興趣，再傳送對方更詳細的資料」**，這種做法比較好。

媒體人都很忙，沒時間看冗長資料，一到五行的內容就沒問題，也可以大致了解一下方向。**「我們是這樣的公司，做了這樣的商品」，就是傳達大約一分鐘內可讓對方了解的內容。**如何琢磨郵件內容，這是身為ＰＲ負責人非常重要的工作。

這裡提供一則ＰＲ文案範例，大意是在六本木一帶開了八間店的熟成肉專賣店「格之進」，將要設立漢堡肉工廠。這篇文案已經在一關市的記者發表會發送給各家媒體，幾乎所有一般綜合性報紙、財經報紙、地方報紙、地方電視台的媒體，都前來參與。

門崎熟成肉專賣店「格之進」，在日本最大規模的美食節活動「肉類美食節」中，營業額連續三年第一。這次即將在人口約一千人的岩手縣一關市門崎地區，利用停辦的小學體育館設置漢堡肉工廠，第一年的銷售目標為一百萬片漢堡肉。

這篇文案涵蓋了幾個吸引大眾注意的要點：（１）已經在大規模美食節活動中獲得高人氣；（２）具體的目標數據；（３）在人口稀少的地區進行投資；（４）活用目前成為話題的停辦學校。在製作、發送ＰＲ文案時，我認為可以這篇當作範本，各自琢磨出最適合需求

抓對題材，適當包裝一下，在對的時機，
先用簡短郵件詢問對方是否感興趣。

的版本。

最常見的交涉NG，就是在發送郵件時：

- 一開頭就寫下「雖然內容有點長，懇請過目」，然後將一長串的商品開發故事傳送給對方。
- 直接附上公司簡介、商品型錄等，傳送大量資料給對方。

以運動為例，就是「要投好球讓對方容易接」的概念，不要讓對方在心裡OS：「幹嘛一下子就投給我快速球或沉球啊！」投好球讓對方馬上接到，對方就會把球傳回來；如此一來，彼此就可以玩傳球遊戲了。過程中，你再慢慢地將你想要傳達的故事，以對方容易接受的方式傳達出去就可以了。至少，不要對沒有合作過的對象，一下子就拋出豪速球喔！

就算有關係門路，沒有故事也是白搭

與日本亞馬遜公關部往來的媒體，有一般綜合性報紙、財經報紙、通訊社、地方報紙、電視、網路媒體、產業報紙、商業雜誌、時尚雜誌、文化雜誌、各業界的自由撰稿人等，加起來總計超過一千個。這樣的成果，是我和同事日積月累努力建立的，這是任何東西也無法取代的寶貴資產。

「既然往來媒體有一千個那麼多，全部接洽的話，總有一個會回應吧！」我們不會用這種想法接洽媒體，因為如果無法讓媒體朋友認為「這個訊息與我有關」，他們是不會回應的。

因此，即使只是一則小小的訊息，我們也經常思考「要如何將訊息故事化，再傳達出去？」

「基於這樣的意圖、這樣的過程，才創造了這樣的產品或服務。若是可以受到顧客喜愛，或許有助於改善以往的生活方式吧。」如果你們的訊息不能夠使人產生這樣的想法，那「這些訊息有什麼意義呢？」對方頭上就會浮現一個問號，不知道該如何採用這則訊息。

質勝於量，提升「質」的最好方法，就是「將訊息故事化」。

媒體一定會問的「四大問題」是什麼？

對於現在前來找我諮詢的客戶，我都會跟他們提到媒體一定會問的「四大問題」，就是：

❶「為什麼是現在？」（季節性、時事性）
❷「創新元素是什麼？」（新穎性、意外性）
❸「和其他的比起來有什麼不同？」（獨特性）
❹「為什麼是由貴公司來做這件事？」（理念、理由）

媒體朋友想知道的就是：「這項產品或服務，能夠為這個世界帶來多大的影響？」如果能夠帶來愈大的影響，獲得採訪的機會就愈高。至於測量影響性有多大的尺規，就是前述這四個問題。

你們是否做好準備回答這些問題、是否可以即時回答這些問題，將會影響ＰＲ活動的成敗。下列便針對各個問題簡單說明。

❶「為什麼是現在?」(季節性、時事性)

這個問題的重點就是「季節性」或「時事性」。「為什麼在現在這個季節,會需要用到這項產品或服務呢?」,這個問題也就是「時機」問題。「為什麼在現在這個時代,會需要這樣的產品或服務呢?」,媒體朋友也經常問到有關時代、潮流、趨勢的問題。

週刊、雜誌等平面媒體,以及電視的資訊節目等,都非常重視季節性。至於「社會將會產生什麼樣的變化?」,財經節目、商業雜誌等,則是對這類題材感興趣。各家媒體的關注議題雖然不盡相同,但如果能夠提供一些素材,讓他們判斷是否採用的話,是很有幫助的。

亞馬遜公關部在工作上最煞費苦心的,就是被問到下列這個問題(苦笑)。因為亞馬遜總是預先看到「顧客的潛在需求」,然後著手研發產品或服務,經過公司內部反覆研討之後,「好了!已經籌備完成,可以提供讓顧客滿意的服務了」,我們就會在這個時機點開始提供服務。因此，當被問及「為什麼是現在？」，如果我們只回答：「因為公司內部的籌備已經完成了！」媒體會回應：「這樣子啊。可是，這樣不大有新聞性耶。」

關於這類問題，我們是做什麼樣的準備來回答的，我之後會詳細描述。身為連結公司內外部的橋梁，這就是我們公關人展現功力的時候了！

❷「創新元素是什麼？」（新穎性、意外性）

這是問及「新穎性」和「意外性」的問題。前所未有的東西和事情，是具有高度價值的資訊。如果這項新事物和解決社會問題極為相關，又極具影響力，例如：「可以一舉增加高齡者的健康平均餘命」，或是「讓孩童安心外出遊玩」等，吸引關注的可能性就會變高。

不過，「這項新穎性，是不是僅限於我們公司內部的認知？」，「這項新穎性，是媒體喜聞樂見的嗎？」，這些都是我們應該時常放在心上的要點。

「和本公司的既有產品相比，性能有飛躍性的提升！」，以這種角度去定義新穎性，是很常見的NG想法。「有所突破」的這種感動，我十分可以理解，但是「從全世界的角度來看，是怎樣的呢？」，我們必須冷靜思考。或許，對自家公司來說是超高水準的商品，但如果其他公司也有類似水準的商品，就不能說具有「新穎性」了。

「我們研發出前所未有的超高水準的個人電腦！」，出現了這樣的產品，專業電腦雜誌或許會感興趣，但女性生活雜誌卻會覺得「這與我們無關。」新穎性的有無，有時也取決於對方是否感興趣。

至於「意外性」，指的是「具有衝擊性」的東西。「前所未有」的新產品或服務，除了前所未有以外，似乎也很難讓顧客進一步了解它的新穎性為何。會感興趣的媒體，也像前面所講的那樣，僅限於特定媒體。不過，若是「出人意料的創意商品」，這種具有「意外性」的產品或服務，人們反而會覺得「確實，有了這樣的東西，真的很方便呢！」而容易接納，或是訝異「為什麼這麼好的點子，至今都沒有人發現呢！」，同時在腦海也很容易浮現使用該商品的畫面。這類商品，自然會吸引很多媒體競相報導。

❸「和其他的比起來有什麼不同？」（獨特性）

這是問及「獨特性」的問題。不過，就算是晚人一步研發出來的商品，如果可以明確說明「和其他的比起來有什麼不同？」，仍然可以引起媒體的興趣。

亞馬遜公關部為了這類問題，可以說是很傷腦筋，因為公司的基本方針是「不出示自家公司的數據」，以及「不和對手公司做比較。」

現在，對於前來找我諮詢如何做ＰＲ的業界同仁，我都會建議他們：「為了取得對方的認同，應該出示自家公司的數據比較好，但最好不要只出示好的數據，不好的數據就隱瞞。」此外，我還會建議：「最好可以製作品牌定位圖，讓顧客清楚你們的商品和競爭對手的差異為何？」

❹「為什麼是由貴公司來做這件事？」（理念、理由）

這是問及「理念」和「理由」的問題。「我們是基於這樣的想法」，「因為有這樣的需求」，「因為顧客有這樣的困擾」等，這個問題問及的是商品故事的核心。

若是其他公司沒有出現類似的產品或服務，媒體想知道的就是：「為什麼其他公司沒有研發類似商品呢？」或許，他們也在暗指「是不是沒有成長性或盈利性，所以其他公司不開發呢？」若是你們可以向媒體說明「其他公司不做，我們卻做得到的理由」，這就是厲害的地方了！因為這也牽涉到前面所說的獨特性。

Why+What，面對媒體，事先準備好回答這四大問題。

滿足「四大問題」，將提升PR活動的品質

光是思考、準備如何回答這四大問題，就占了籌劃PR活動的大半，這麼說應該不誇張。

那麼，身為PR負責人，要做什麼樣的準備呢？**這四大問題的答案，都有一個共通點，那就是「要加上佐證數據，或是足以取信於人的資料。」**為了準備這些資料，我往往會蒐集企業內外部的相關資訊。

如何準備回答❶「為什麼是現在？」（季節性、時事性）的問題

我在準備這個問題的相關數據時，所想到的是：「我們參與的該項事業，市場規模有多大？這個市場今後還有成長的可能性嗎？」

我在前文提過，亞馬遜總是預先看到「顧客的潛在需求」，然後著手研發產品或服務，直到體制籌備完成，確實能夠提供讓顧客滿意

的服務時，才會正式推出產品或服務。福特汽車公司的創辦人亨利・福特（Henry Ford）曾說：「如果問顧客想要什麼，他們應該會回答：『更快的馬。』」貝佐斯也說過類似的話，「如果我直接問顧客：『您想要什麼？』，Alexa應該就不會問世了吧！」實際上，亞馬遜是不會用問卷調查「直接詢問顧客需求」的企業。

但是，「因為公司內部的體制已經籌備完善了」，這樣的回答媒體也不大能採用，所以我經常附上國外的數據，因為如果是時尚潮流或ＩＴ創新等在歐美國家興起的潮流，日本通常會跟著流行。

亞馬遜的總公司在美國，美國的銷售數據，日本幾乎可以即時接收到。舉例來說，「在美國，這一年在網路購買鞋子等時尚用品的客群不斷增加，日本應該也會興起這股趨勢」，我大概會提供這樣的資訊，但實際的細節數據則不會提供。

有時，我也會附上外部數據。例如，在時尚類別，我會附上美國時尚設計師協會（Council of Fashion Designers America, CFDA）的統計資料。

企業內外部的相關資料，我們都會蒐集，不過「資料來源可信嗎？」，確認這一點非常重要。PR附的數據，一定得是「就算媒體原封不動轉載，也不會有問題的可靠資料。」「這是為了讓我們的PR資料更豐富所附上的數據，但我們不確定來源是否可靠。」像這種引用數據的做法是NG的，將會損害你和對方之間的信任感。亞馬遜對這件事的要求十分嚴格，雖然對數據的來源追根究柢有時確實困難，但如果附上的資料是出於可靠機構的可靠數據，就會非常具有說服力。

此外，**國家正致力發展的項目，媒體也會十分感興趣。**「本公司近期即將開始〇〇的全新服務，剛好今年XX月，內閣府所提倡的△△計畫預計開始實施……。」用這樣的方式，我們就可以將自家的產品或服務，和全國備受矚目的大項目串在一起了。如此一來，做為整個大項目的其中一環，你們的新產品或服務被媒體採訪的機率就提高了。

若是ＰＲ聚焦的是公司內部的人才，該人員如果在國家設立的獎項中曾經得獎，那也會有很好的效果。只要附上「榮獲經濟產業省二〇〇〇年新設的ＸＸ大獎」等相關資料，將會有效提高吸睛度。

尤其是新創企業，「我們研發的項目，與國家今後致力發展的項目不謀而合」，我建議可以大力運用這樣的ＰＲ方式。

此外，過年前後、開學季、暑假、萬聖節、聖誕節……，**「季節性」是媒體人無時無刻不謹記於心的關鍵字。**「賞花季大人氣的超輕量啤酒機開賣了！」，這則訊息只要主打「超輕量」，就可能博得媒體的青睞。季節性只要這樣操作，就具有強力的題材。

「時逢這個季節，這種商品會熱賣」，有時我們公司會提出逆向操作的數據，這也能引發媒體的關注。看到亞馬遜的銷售數據，「咦？這個季節，這個東西怎麼會熱賣？」當對方產生這樣的疑問時，我們就會將「與其他季節、前一年、上個月相比，這項商品的銷售情形如

觀察潮流趨勢，與國家發展、得獎事蹟、社會氛圍、時事相關的點，都能是PR素材。

何呢？（雖然亞馬遜不會提供具體數據）」，以及「預期的可能性（雖然只是推測而已）」等資料進行彙整，提供對方參考。

如何準備回答❷「創新元素是什麼？」（新穎性、意外性）的問題

引用數據佐證公司的創新固然很好，但如果過度偏重數據，很容易就會變成「和其他公司的產品相比，在性能上有這樣的差別」，「與社內既有產品相比，在性能上有這樣的差別。」

「根據我們的分析，在業界大概是這個位置」，「根據我們的調查，目前市面上還未出現這樣的商品。」這種「創新性」，很容易就會變成是自家主觀認定的，但如果企業憑據的是可信度高的數據，我覺得也無可厚非。

重點是，「你們的創新，是足以打動對方的創新嗎？」在這裡，**要特別提醒一點，傳達時不能只是想著「要傳達什麼」，「想要傳達**

的，對方能夠了解嗎？」，請務必掌握這個重點。

某一次，亞馬遜針對「穿在高跟鞋上的防水鞋套」進行ＰＲ，引發了媒體熱烈回響。當時，在工作場合也可以穿的時尚女性長靴還不常見；其實直到現在，因為公司規定，仍然有很多女性覺得「就算下大雨，我也沒辦法穿著長靴去上班。」因此，我們針對這項商品進行ＰＲ時，許多人紛紛反應：「真是出人意料的創意商品啊！」這項商品之所以能夠受到熱烈歡迎，是因為社會一直存在這個隱性需求。

像這種令人感動或驚奇的產品或服務，可以蒐集顧客實際使用的感想，濃縮成精簡內容，加到提供給媒體的資訊裡，這也是一種ＰＲ手法。

如何準備回答❸「和其他的比起來有什麼不同？」（獨特性）的問題

亞馬遜的方針是「不和其他公司比較」，但是為了宣傳你們公司企業政策各有不同，沒有唯一正確的做法。
重點在於，一旦決定方針並且對外發布，就要貫徹執行。

的產品或服務的創新性，我覺得製作市場的品牌定位圖也無妨。「走高級路線，或低價路線？」「走大眾路線，或小眾路線？」藉由釐清這些方向，更容易將自己的「創新」傳達給媒體了解，也可以趁機研究一下藍海領域（沒有競爭對手的領域）的所在。

亞馬遜的另一項方針是「不出示關於自家公司的數據」，如果你們決定「數字必須公開，這樣才可以傳達自家企業的獨特性」，你們就要有「數據攤在陽光下，讓人隨意觀看」的覺悟，儘管把市占率、營業額、營益率等各種數據開誠布公吧。

沒有哪一種方針才是正確的觀點，貫徹到底的態度，才是我們應該講究的。**「一旦決定方針，如果沒有明確的理由或根據，絕不輕言改變」，這才是重點所在。**

這裡還要再說明一點，要製作能夠傳達白家公司獨特性的數據，勢必得先發掘自己的優勢。提到所謂的「獨特性」，大家很容易把焦點放在市場定位；不過，「這是由這樣特殊的員工親手開發的項目」，「在沒有任何資源的情況下，硬是扭轉劣勢，使生意步上軌道」，這些也都是十分具有獨特性的題材。或許當事人習以為常了，以至於沒有發現自己擁有這樣的獨特性。

因此，企業必須建立一套機制，致力於發現自己的獨特性。關於這點，我會在第五章詳細說明。

如何準備回答❹「為什麼是由貴公司來做這件事？」（理念、理由）的問題

「為什麼是由貴公司來做這件事？」，如果答案是企業的存在意義或理念，最具有說服力。

當別人問：「為什麼這次會開始這樣的新服務呢？」，你們的回答如果是：「因為我們就是以這樣的理念才會創立的公司，我們期望實現這樣的世界，才會與這樣的一群夥伴，每天一起工作。」

我認為，這種回答是最棒的，這就是所謂的「說故事傳達」的手

法。**無論是傾公司全力發展的大規模新計畫，或只是一件小小的季節性商品，都有「它為什麼產生的理由。」這些理由的背後，大都關係著公司存在的意義或理念。**所有事情不會憑空發生，只要研究一下開發背景，一定能夠找出為什麼會出現該項產品或服務的原因。

同時，「為什麼是由貴公司來做這件事？」，這個問題的回答，與其交給一位PR負責人，不如由公司全體一起來回答。我在第二章說明過亞馬遜的做法，為了讓員工對外發言一致，要先「將目標盡量簡化」，然後「對員工不斷強調同樣的事。」

在這裡，我也想給大家一個建議，那就是「想要傳達的訊息，沒有必要頻繁更改。」

有些企業每年都會制定不同的口號，「每年都更換口號，換一換新氣象，藉此提振員工的士氣」，如果有明確的意圖或效果，那就另當別論。若是因為「口號一成不變，就無法告訴大家，我們公司是持續進化的，不是嗎？」，有些企業是基於這樣的焦慮感，所以才改變口號的，然後不知不覺就變成頻繁更換口號，最後甚至為了改變而改變。「明年的口號，要換成什麼好呢？真是想不到什麼好點子啊！」為了這件事情煩惱的企業，你們可要注意啊。

真正重視的東西，是不會輕易改變的。恆久不變地重視同樣的東西，不斷地強調相同的事，我覺得，這更能讓人感受到「人性」。

如果理念或想法的核心不變，在這個核心的基礎上，根據「這一年要做什麼」的具體行動目標來制定口號，我覺得這樣當然是OK的。

採訪者說服上司也需要佐證數據

針對媒體一定會問的「四大問題」，我在前文曾經提到，拿出佐證數據或能夠取信於人的資料是很重要的。因為這些數據和資料，除了用來取信於採訪者，還能讓採訪者拿去說服上司。

假使某報社的記者，對我們的PR資料感興趣，願意前來採訪我們。在採訪的過程中，我們提供了佐證數據和極具說服力的資料，讓採訪者帶回去了。雖然被採訪了，並不代表我們提供的資訊一定會被刊出來，因為報社會以編輯部為中心，研討「要刊載什麼樣的新聞內容。」「這則新聞有這樣的爆點，這些是用來佐證的資料。」如果有這類說明，編輯部就會採信，採訪內容被刊登出來的可能性，也會大幅提高。

如果沒有給採訪者佐證數據，或是具有說服力的資料，對方在對上司（編輯部）進行說明時，就只能表示「這則新聞我覺得很好……雖然沒有佐證資料……」，如此一來，採訪內容被刊登出來的可能性將會大幅降低。更可怕的是，「你做的這是什麼不嚴謹的採訪啊？」，採訪者甚至可能會被編輯部罵得狗血淋頭。由於我們的準備不周，導致專程前來採訪的記者被罵得灰頭土臉，這種可能性也是有的。

為什麼我們要準備佐證數據和具有說服力的資料呢？首先，當然是因為我們想要媒體幫忙報導。不過，在那之前，**先具備「成為媒體的好幫手」這樣的想法，準備好相關數據和資料，我覺得這點很重要。**

ＰＲ的工作，並不是接洽了就會有成果。做判斷的人，永遠都是對方。準備了很好的資料，也接受採訪了，卻無法刊登出來，這種情況多得是。尤其在公司比較沒有名氣的時候，做白工的機率可能非常高。雖然如此，你的工作有沒有為對方著想，可能會出現截然不同的成果。ＰＲ工作的成效並非立竿見影，需要花一點時間才會顯現出來。

小企業有小企業的ＰＲ戰術

二〇〇三年，我剛進入日本亞馬遜擔任ＰＲ負責人的時候，跟現在的規模相比，當時的日本亞馬遜還是一家小企業。負責擔任橋梁，連結企業內外關係的公關人非常稀少，關注亞馬遜動向的媒體也是寥寥無幾。當時的日本亞馬遜，就像我在前文曾經提過的，完全就是一家新創企業。

不過，像這樣的「小企業」，當然也是有適合採用的好點子與行動策略。

一年內，成功讓三十家媒體改用Amazon暢銷排行榜

進入亞馬遜任職後，我在與公司內部多方徵詢意見的過程中，注意到亞馬遜的數據資料非常豐富。每天的銷售數據幾乎都可以即時掌握，但我想，當時公司內部可能還處於不穩定的狀態，所以沒辦法有

效地活用這些數據。

「一定要設法活用這些寶貴的數據，提升亞馬遜的品牌價值！」

我想了又想，最後想出來的主意就是：「著手製作Amazon暢銷排行榜，然後推薦給媒體使用！」

不過，這種排行榜形式的數據，如果推薦給沒有需要的媒體，就毫無意義了。因此，我們針對會刊載排行榜的報紙、雜誌，甚至專門誌，徹底進行了調查。

舉例來說，某音樂雜誌會以某唱片連鎖店的銷售數據為基礎，刊載「一月份的ＣＤ銷售排行榜」。我們就以亞馬遜的販售實績為基礎，製作「二月份的ＣＤ銷售排行榜」，再將這份排行榜寄給該音樂雜誌的總編輯，毛遂自薦：「請參考看看，可以的話，請使用我們的數據好嗎？」

某週刊若以某間連鎖書店的銷售數據為基礎，刊載「本週實用書籍排行榜」，那我們同樣以亞馬遜的販售實績為基礎，製作一週期間的實用書籍排行榜，寄給該週刊的總編輯，毛遂自薦：「請參考看看，可以的話，請使用我們的數據好嗎？」

我們就持續採取這種一步一腳印的做法。

雖然不是所有媒體都願意採用我們製作的排行榜，但在一年內，也有三十家媒體採納了我們提供的排行榜資料，並且表示：「接下來，我們都會使用亞馬遜提供的排行榜喔！」還有媒體表示：「我們這次的特輯，也請讓我們使用你們的數據！」

因此，「在雜誌或報紙看到『資料提供者：亞馬遜』」的讀者，就會對亞馬遜這個品牌加深信任度。沒有使用Amazon暢銷排行榜的媒體，也會對亞馬遜產生「亞馬遜真是什麼樣的數據都有呢！」的印象。

順道一提，關於為何決定採用Amazon暢銷排行榜，各家媒體都有自己的理由，但最常聽到的是：「亞馬遜的數據，幾乎可說是即時數據。」假設唱片行蒐集銷售數據需要一週的時間，那麼他們提供的資訊，就會是「一週前」的銷售數據，與真實現況有落差。盡量減少這樣的落差，正是報紙或雜誌的潛在需求。

實際上，在Amazon暢銷排行榜上，有一些鮮為人知的商品也排名在前面。許多媒體看到這樣的排名，會驚呼說：「咦！這樣的商品竟然會排名在前面？」不久，該商品連實體店面都人氣爆棚，甚至變成全日本熱賣的商品，這樣的例子不勝枚舉。

至於我們為什麼要這麼做？老實說，這是因為亞馬遜訂有「不向媒體出示營業額或市占率等數字」的方針所致。就算我們想要告訴大家，某樣商品賣得超好，礙於公司的方針，也絕對無法具體說出「賣了幾個」。媒體朋友很容易抱怨：「一概不告訴我們數字的話，我們也不知道該怎麼幫你們報導啊！」但是，我們唯一可以提供給媒體的，就是對顧客也公開的「Amazon暢銷排行榜」而已。

活用銷售排行榜這件事，實在是萬不得已想出來的對策啊！

隨著不同的切入點，讓數據變成對大家都有利的資訊

因此，我們最大限度活用了排行榜的資訊。舉例來說，某位著名電影明星逝世了，這位明星的DVD作品就曾一口氣躍上排行榜。由於Amazon暢銷排行榜是對顧客也公開的資訊，所以公關部就可以毫無顧忌地傳達給所有媒體周知。

對於急速竄升排行榜的資料，我們會用郵件等方式，傳達給電視台的相關人員知道。如此一來，電視台為了追悼這位電視明星而製作特輯時，就會這樣表示：「〇〇〇是非常受歡迎的明星！早期的作品《XX》，在Amazon暢銷排行榜的排名，似乎也在急速竄升中。」

觀眾看了報導，就會很懷念地說：「啊，是有那樣的作品哪。他真是位好演員！」媒體方面則會認為：「能夠附上佐證資料真是太好了！」而亞馬遜的立場則是：「看了節目的觀眾，很可能會上亞馬遜購買DVD吧！」

「媒體可能會請我們繼續提供資料吧！」基於這樣的想法，我們多方思考能否為大家提供有用的情報，並且設法催生出資料。

你們公司其實也有隱形的「排行榜」數據

我們會盡可能先將全日本各地的網路新聞全部瀏覽一遍，「目前正興起這股熱潮！」，當我們發現這樣的趨勢，就會去確認一下亞馬遜的銷售數據。如果確實產生了這股熱潮，我們就會把Amazon暢銷排行榜的結果，告訴該領域的媒體：「目前出現〇〇這樣的熱潮！亞馬遜的銷售也呈現上升趨勢！」

我印象最深刻的其中一件商品，就是日本職棒中日龍的吉祥物「DOARA」的相關書籍《DOARA的祕密》（ドアラのひみつ）。當時，我們耳聞「好像興起了DOARA旋風」，一查之下，《DOARA的祕密》這本書的銷售排名，竟然榮登日本亞馬遜書籍分類排行榜第一位。當時，我們趕緊向各界媒體傳達：

「《DOARA的祕密》榮登日本亞馬遜書籍分類排行榜第一名！」，使得DOARA旋風更加延燒。

此外，我們有時在瀏覽亞馬遜的銷售數據時，會覺得：「咦？怎麼可能！為什麼會這樣？」例如，有一件熱銷商品竟然是「鼻毛刀」，而且在家庭用品和廚房用品的類別中，竟然連續三年榮登第一名。不少製造商好像也嗅到了這股商機，這項商品的種類在第一年也就只有數種，第二年多了兩倍，第三年又增加兩倍……種類激增了數倍之多。

在亞馬遜網站上，「鼻毛刀」是銷售量急速成長的熱銷商品，但在一般人之間，似乎不是那麼熱烈討論。我試著想像了一下，是不是大家很難知道，鼻毛刀究竟放在店面的哪一區？然後，要在實體店面購買這樣的商品，是不是也需要一點勇氣？如果店家把「鼻毛刀」改稱為「鼻毛修剪器」或「修容刀」，大家是不是更不容易在店面找到鼻毛刀了？

因此，我們對媒體秀出銷售排行榜，告訴他們：「其實在我們亞馬遜，『鼻毛刀』賣得超好的喔！」，提供媒體當作新聞題材進行報導。

此外，在男性化妝品的類別，去除體味的商品需求有增加的趨勢，我們也會在提供給媒體的訊息中，加注「這項商品的銷售排名愈來愈好。或許，現在的男性族群，也愈來愈注重儀表了」的小評語，提供媒體參考。

由於亞馬遜經營的是網路平台的生意，所以比較容易把銷售數據以排行榜的方式呈現出來。不過，我認為各行各業，應該都可以做到下列這些事。

- 將公司的各項目營業額，以排行榜的形式呈現，將市場需求「視覺化」。對於排名比較前面的商品，公司內部要研究一下這些商品暢銷的原因是什麼，再將資訊傳達給媒體。
- 檢視銷售數據時，要將意外熱賣的商品特別挑出來，例如：在限定季節突然大賣的商品，在限定區域突然大賣的商品，或是至今為止爆紅或熱賣的物件，都是很好的PR題材。

都滯銷的冷門商品突然爆紅等，研究這些商品突然熱銷的原因，再將資訊提供給媒體做為新聞題材。

我想，這些應該是任何企業都可以馬上執行的方法吧。

與各種利害關係人溝通，需要注意什麼？

我在這一篇想和大家分享，在向顧客、合作夥伴、股東等企業利害關係人進行PR時，分別應該注意的要點。

對象1 廣大的消費者

如同本書之前所提到的，想與身為消費者的顧客建立關係，首先要設想「我們期待顧客如何使用這項產品或服務？」，或是「顧客會在什麼樣的情況下，想要使用這項產品或服務？」也就是說，我們要預想，如何讓顧客覺得這些提案與他們切身相關。

為了做到這點，需要徵詢潛在顧客的意見，試著了解「什麼樣的場合，對方可能自然接受。」然後，再開始逆推「要傳達什麼樣的故事，顧客才會喜歡，想要採取下一步的行動？」做好這些準備之後，我們才向顧客傳達訊息。

與消費者溝通，必須站在對方的立場，讓他們覺得提案和自己切身相關。

「只傳達自己想要傳達的訊息」
「傳達的訊息無法讓顧客有切身相關的感受」
「沒有鎖定特定客群，訊息想要傳達給不特定的多數客群」

這「三大問題」，是許多PR人員很容易犯的錯誤。

針對這「三大問題」，我覺得有必要深入追溯產品或服務的開發過程，甚至是企業的經營理念。舉例來說，如果經常出現「沒有鎖定特定客群，訊息想要傳達給不特定的多數客群」，極有可能是因為從開發產品或服務開始，就一直沒有設定目標客群。

在亞馬遜內部，當我們詢問開發人員：「這項服務主要針對哪個客群？」，我們也是經常會聽到：「不分男女老幼，所有客群。」開發人員可能都抱持著「想讓每個人的生活過得更好」的想法，所以進行商品開發的吧。我能夠理解這樣的心情，但是這樣的好意，卻往往淪為無法引起任何人關注的下場。

「針對客群設定場景，他們或許會馬上對我們的產品或服務有所回應。因此，我們要針對這個客群，運用這樣的場景，傳達能夠讓他們感覺切身相關的故事。」針對目標客群不明的問題，PR負責人有必要進行更細部的設定。

此外，「這個故事由誰來說，最容易引起大家的共鳴呢？」這個問題也非常重要，請一定要找出說故事的最佳人選。假設是紅酒，與其找沒有什麼酒類知識的員工，應該找對紅酒知識豐富的員工來代言，一定更能夠打動顧客的心。

根據我的經驗，公司內部的人才就像一座寶山，臥虎藏龍，人才濟濟。與其突然委託外部專家支援，「公司內部有沒有好的人選呢？」，不妨先在自家尋覓適當的人才吧。要是真的找不到，再來尋求外部支援也不遲。

對象2 商業合作夥伴

協助物流中心運作的企業夥伴（供應商）、在亞馬遜市集販售商

與商業合作夥伴溝通，彼此要能夠認同，並且建立合作互信。

品的業者（賣家）、將商品批發給Amazon.co.jp的業者（製造商、出版社）等，亞馬遜有非常多的合作夥伴。我們對所有合作夥伴採取一貫的態度，那就是「合作夥伴也是顧客，同時是透過亞馬遜的運作機制，共同追求提升顧客滿意度的夥伴。」

對於合作夥伴，亞馬遜會特別傳達兩件事。第一，就是「我們致力於創造安心、安全的工作環境」；第二，就是「為了推動技術革新，我們不惜重資。」以物流中心為例，「在許多員工工作的物流中心裡，我們實施了各種系統流程，只為了創造安心、安全的工作環境。」「物流中心內部的進出貨作業，我們運用了各種技術，就算只是早一秒鐘也好，我們期望可以用最快的速度，將商品送達顧客手上。」「這些做法都是以亞馬遜重視的使命為原則……」，「如果你們也認同我們亞馬遜的做法，要不要和我們一起努力呢？」我們對於合作夥伴，都是一貫採取這樣的態度。

由於合作夥伴是與我們共同追求一致目標的同伴，所以我認為公司內部首先應該明確決定：「對方成為合作夥伴，需要具備何種共識？」，「要如何繼續合作，維持夥伴關係？」，再根據公司決定的方針發布訊息。

對象3 股東

亞馬遜在美國的NASDAQ（那斯達克）上市，股東會每年召開一次，地點在美國西雅圖。雖然是股東會，據說非常低調，在我還任職日本亞馬遜時，出席人數好像也只有數十人而已。在股東會上，貝佐斯僅針對有價證券報告書的主要部分做輕描淡寫的報告，也沒什麼特別的質詢，股東會在很短的時間內就結束了。

亞馬遜的股東會，為什麼會這麼簡單帶過？因為幾乎所有股東都認為：「與其花心思在股東會上，不如把心力都用在經營事業上。」其實，亞馬遜與股東的直接溝通，如同我在前言中向大家介紹過的，只有「致股東信」之類的內容而已。

與股東溝通，重點在於贏得信任。

「一九九七年的股東信」與「當年度的股東信」放在同一個信封裡，表示「亞馬遜一如既往，為了提升顧客滿意度而努力」，僅此而已。由於亞馬遜的股東清一色都是「認同亞馬遜的想法，才買了亞馬遜的股票」，所以股東會才得以如此順利進行的吧。

亞馬遜或許是非常極端的例子，但如果探究「對股東而言，什麼事情最開心？」，我想答案無非是「股價上漲」吧！我們想與顧客建立長期的信賴關係，也是因為我們希望致使股價上漲的要因，並非是短暫性的，而是持續性的。

因此，「我們將來也會為了提升顧客滿意度，致力於提升服務品質。長期下來的努力，都將看得到結果。」直截了當地向股東傳達這樣的訊息，我覺得是很重要的。

我來講一個題外話，由人稱「股神」的華倫．巴菲特（Warren Buffett）所經營的波克夏．海瑟威公司（Berkshire Hathaway），二〇一九年開始買進亞馬遜的股票。巴菲特對於看中的企業，會大量購買股票，以長期持有的方式進行投資。據說，巴菲特在接受美國CNBC採訪時表示：「我一直是亞馬遜的粉絲，但之前沒買亞馬遜的股票真是笨蛋。」一股神巴菲特願意與亞馬遜建立長期的信賴關係，曾經身為亞馬遜員工的我，也感到十分榮幸。

萬一發生負面事件

本章的最後，我想和大家談談危機管理。身為PR負責人，我們當然祈禱不會發生負面事件，但情報外洩、商品或服務不完善等，一些可能造成社會問題的事件，實在多不勝數。近年，日本也出現了「打工族的恐怖主義」（バイトテロ），也就是會惡搞店家、然後拍照或上傳影片到社群媒體的打工族。我想告訴大家，一定要「有備無患」。

進行危機管理，最重要的就是迅速傳達：「為了使受害者的損失降到最小，並且盡量減輕其他民眾的不安，我們接下來將採取何種措施？」我想，沒有比這個更好的方法了。

危機處理首要盡速傳達如何降低損失、減少不安，並且說明後續動作。

受害者一定會擔心「我會不會蒙受更多損失？」，其他人則會擔心「我會不會也受到波及？」我們所要做的，就是發布即將採取何種行動，以消除顧客最大的不安。

最要不得的就是隱瞞事實、不善盡說明責任、公司內部互相卸責，或是說「誰都沒責任」，企圖粉飾太平。站在聽者的立場，大概都忍不住想要大喊：「這些都不是最優先處理的事項吧！」

最近，我看到發生負面事件的企業負責人出面說：「我並不知情……都是同仁自作主張做的。」我聽在耳裡，只能說，沒有比這種回答更差勁的了。

此外，根據我長年的公關經驗，我認為也盡量不要在「情況全都了解了」，或「問題全都解決了」的時間點，才開始向外發布報告。我的建議是，一旦了解某件事，或是一有任何決定，就應該馬上向媒體發布訊息比較好。媒體對社會問題的詳細情況，負有盡速傳達給大眾的使命。而且，在負面事件中的受害者，或是感到不安的大眾，如果不盡早對他們發布訊息，隨著時間流逝，眾人會覺得：「到底是在處理什麼事，要花這麼久的時間？是不是想要隱瞞什麼？」，結果愈發不安。如果是影響重大的事件，所造成的不安也會愈大。即使我們已經盡了最大努力，想要用最快的速度釐清事件的首尾，一定還是比不上社會急著要一個說法的急迫性。

在我還在亞馬遜的時候，對於媒體或等待訊息發布的顧客，我的態度和做法就是「就算只早一分一秒，也要盡快公布。」偶爾，我也會遇到力不從心的情況，隨著組織巨大化，也不是所有的內部資訊都可以即時得知，等消息等到跳腳的情況也不少。

我可以理解，站在內部當事者的立場，一定是覺得：「正因為是不能等閒視之的問題，所以才要好好整理，釐清之後再告訴大家。」不過，這樣的想法，與對方的心理期待，就產生了極大的隔閡。

> 平日就預作準備，以免危機發生時，因為處理不當，重挫形象。

危機管理的準備流程

面對危機管理，更重要的是「針對可能發生的意外事件，預先模擬演練」，大概就是進行下列這樣的準備流程。

- **萬一發生意外事件，我們的系統流程可能會出問題**

↓

- **如此一來，顧客可能會受到最大的〇〇影響，合作夥伴可能會受到最大的ＸＸ影響**

↓

- **當發生這樣的影響時，我們要立刻對顧客採取〇〇對策，對合作夥伴採取ＸＸ對策**

↓

- **以公司負責人為中心，立刻組成□□人對策小組。由公關部的●●小姐負責對應媒體，ＸＸ先生負責對應顧客，△△小姐負責對應合**

作夥伴

把能夠想得到的問題全部列出來（每個事業部門至少想出十項問題），然後針對每一項問題進行模擬演練。保險起見，我建議進一步找出其中最可能發生的幾項問題，定期、仔細地模擬演練。當然，就算平時已經模擬演練，實際發生問題時，也不見得可以順利按照模擬的情況處理。不過，是否預先模擬演練，在遇到突發情況時，應變處理的好壞應該是高下立判。

公司的經營上了軌道，進入穩定成長的時期，很容易就忽略「以防萬一的準備」。進行這樣的模擬演練，也有助於重新檢視自己的優勢和劣勢所在，因此請一定要挪出時間進行這項工作。

Story

第5章

今後的自我ＰＲ技巧

使工作成果出現戲劇性的提升！

找出優勢，串成獨一無二的故事

在最後這一章，我想針對所有商業人士從明天起馬上就可以運用的PR思維和行動，提供一下建議。

首先，**有件事我一定要告訴大家，那就是「無論是自家公司的優勢，或是你個人的優勢，都是可以被發掘或創造的。」**

找出特點，串在一起，再加以說明

我們經常提到的「資源」，也可以稱為「優勢」。因為某種理念創業，努力營運至今的所有企業，本身應當都是「與眾不同的唯一存在」。那麼，究竟有哪些特點，讓企業成為與眾不同的存在呢？

- **理念：**根據什麼理念創業，又根據什麼理念運作？
- **人：**有什麼樣的經營者，以及什麼樣的員工？
- **產品和服務：**為大眾提供什麼樣的產品和服務？

把下列這些特點找出來，你們公司就會有一個獨特的品牌故事。

- **設備：**擁有什麼樣的設備？
- **環境、地點：**企業營運和商品販售，是在什麼樣的環境和地點？

把這些特點找出來加以串聯，足以證明你們企業是多麼獨一無二的存在，自然就會有「別家企業沒有、專屬於你們的故事。」

最後，再加上一句「正因為如此，我們才做得到○○○」，就可以把你們的故事和優勢完美結合起來了。

舉例來說：

「我們公司是為了讓孩子知道玩具的樂趣才創立的（理念），我們有很多對玩具『無所不知』的員工，大家都以童心對待玩具，樂在其中（人）。我們是以孩子的角度為出發點的『玩具顧問』，這項特點使我們能在玩具界大展鴻圖！」

「我們負責開發一些『創意』日用品（產品和服務），然後批發給五金百貨量販店（環境、地點）。我們與全世界各種製造商合作，我們是致力於提升學習環境、運動環境和睡眠環境的企劃公司。」

發掘個人優勢和企業優勢的流程是一樣的

只要把項目稍微調整一下，就可以依照同樣的流程，重新發掘個人優勢。

- **價值觀**：你一直以來最重視的價值觀是什麼？現在覺得合適嗎？以後會改變嗎？
- **親朋好友**：你周遭都是些什麼樣的人？現在覺得合適嗎？以後會改變嗎？
- **興趣**、**特殊技能**：你一直以來都熱中於何事？現在覺得合適嗎？以後會改變嗎？
- **所有物**：你擁有什麼東西？現在覺得滿意嗎？以後會改變嗎？
- **環境**：你一直以來的生活環境是怎樣的？現在覺得滿意嗎？以後會

思考、整理一下右頁這些項目，你就擁有一個獨特的個人故事。

改變嗎？

將這些項目逐一檢視、加以彙整之後，就形成了「你個人的故事」。例如：

「我出生在日本山梨縣（環境），在千葉縣度過大學時代（環境），在那裡愛上衝浪（興趣、特殊技能）。我現在擁有一部廂型車（所有物），經常和家人或露營同好（親朋好友）享受日間露營的樂趣。」

花點時間整理一下你的個人故事，你會發現，沒有人的生活和你的完全相同。

只要再加上「正因為如此，我才可以〇〇〇」，就可以把你的個人故事和優勢完美結合起來了。

「正因為如此，我才可以擔任山梨縣和千葉縣的觀光導覽員。」

「正因為如此，我才可以負責指導衝浪初學者。」

「正因為如此，我才可以籌辦露營聚會。」

「正因為如此，我才可以主持大型活動。」

根據前述的個人特點，可以舉出很多彰顯個人優勢的例子。與工作完全無關的強項，或是與工作只有一點相關的強項都沒關係，請大家一一寫出來看看吧。

人脈、時間軸、弱點……都要以最大限度廣泛思考

舉出企業和個人優勢時，我建議大家一定要「以最大限度廣泛思考」。

以「人脈」為例，若是企業，大概都只會想到「自己的公司」吧，個人則只會想到「自己認識的人」而已。不過，企業還可以把「我們的合作夥伴，是世界頂尖企業」納為優勢之一，個人則是可以把「我朋友的朋友，有這樣的人物。我可以透過朋友引薦，和對方搭上線」納為人脈優勢。但是，我的意思並不是要你向大家炫耀「我朋友的朋友，有這樣了不起的人物喔！」，而是希望你要意識到「比起

弱連結、過去的經歷、未來的計畫、你想像中的「弱點」……都可能是你（們）的優勢。想想看，你（們）有哪些特點與眾不同？

你自己認為的，你還要具有人脈優勢」這件事。

接下來是時間軸。無論是企業或個人，都要追溯「以前曾經做過的事」（過去的事件），因為這些經歷也是你（們）的優勢。此外，「我從來沒有想過要做這樣的事，但是最近開始想做」（將來的計畫），如果是實踐度高的事項，我覺得納入優勢也未嘗不可。

最後，就是環境和地點。有時，從你的角度來看算是弱點的事，在別人看來，卻是「真是吸引人的特點」也說不定。舉例來說，在你看來「我們這邊不是山、就是河川，簡直是鳥不生蛋的地方」，在渴望忘卻煩憂、放鬆身心的人看來，卻是絕佳的環境。

「朋友的朋友，也可以納入自己的人脈優勢」，「過去的經歷和未來的計畫都是你的優勢」，「乍看是弱點的，也可能是優勢」，將這些可能的優勢一一發掘出來，你應該就會意識到，其實你比自己所想的，還要具有更多優勢呢！

你的優勢為何？請教他人最清楚

我在前一篇針對如何發掘自己的優勢，跟大家分享了一些我的建議。

不過，**比起只有自己苦心思索自己具備什麼優勢，我更建議大家「向別人請教你的優勢」**。人類有慣性思維，很容易只從單一角度看事情，而且開口向別人請教自己的優勢，既簡單，可信度又高，不是嗎？

「但如果大家都說我沒有優點，那該怎麼辦？」或許，有不少人會因為不安而問不出口。我建議，大家可以用「輕鬆聊天的方式問問看」，或是「多問幾個人參考」，或者你也可以「用感謝的方式，向對方提起他的優點（這樣對方自然也會提一下你的優點）」，這些方式都可以消除不安。

你「派上用場」的時刻，當然就是你的「優勢」。

了解自己何時可以「派上用場」

當你決定找出自己的優勢時，可以先從好友等容易回應你的對象開始問起，再向有相同興趣的同好、親戚、同事等，試著請教各人際圈的人看看吧。

不過，若你直接向對方說：「請講一講我的優點」，對方或許一時會很難回答。我建議，不妨試試看這樣的問題：

「你覺得我是個怎麼樣的人呢？」

「我想知道我的個人特質是什麼，可以請你提供一些看法嗎？」

「你覺得我曾經在什麼場合派上用場呢？（笑）」

我建議，可以在放鬆的環境下，以輕鬆一點的態度請教對方。其實，我會從事公關工作的緣由，要追溯到我的學生時代。那個時候，我請教已經出社會的前輩，我適合職場的哪種職位時，他給我的回答就是「公關人員」。我當時根本就不知道公關是什麼，了解之後，才開始對公關產生興趣，最後也很幸運被分配到公關部門。

向許多人徵詢意見之後，我建議把幾個印象較深刻的關鍵字記起來。比方說，如果大家都說：「你很開朗、風趣」，那麼「開朗」和「風趣」就是你的優點吧。不過，也可能出現某個人際圈的人說你「開朗、風趣」，另一個人際圈的人卻說你「給人寡言，有點難親近的感覺。」這樣你也可以知道：「啊，原來我在不同的人際圈，各自有開朗和陰沉的表現呀！」

透過這種方式，多方蒐集來自各人際圈的資訊，你的優點一定會浮現出來。比方說：

- 我讓某人快樂
- 我在某人需要幫助時，助他一臂之力
- 我鼓舞了某人，使他獲得勇氣

這些你「派上用場」的時刻，就是你的優點。

沒有特別優勢的話，也可以從現在開始創造

「我的優勢？好像想不大到耶。」有時，我會聽到有人發出這樣的感嘆。

我想要對這些人說：**「你可以從現在開始，創造你自己的優勢喔！」**

舉例來說，你身邊沒有人爬過非洲大陸的第一高峰吉力馬札羅山，剛好有機會的話，你不妨去挑戰看看吧。當然，為了登山，你必須鍛鍊體力、取得休假，在生活中做好各種準備和調整。不過，當你真的登頂成功後，就可以對別人說：「我曾經爬過吉力馬札羅山喔！」到時候，一定有很多人出於好奇或關心問：「你是走哪條路線登山的？」，「登山大概花了幾天時間？」，「景色如何？」只要創造這麼一件特殊經歷，就可以說是擁有一項很棒的優勢喔。

找到有趣的切入點，創造你自己的優勢

就算不是很特殊、困難的項目，只要改變包裝手法或思考方式，也可以成為一項優勢。舉例來說，「搞不好沒人這樣做吧？」，「但我就想試試看耶！」，「應該有人會覺得感興趣吧！」，找到這類的事，然後試試看。

我來舉一些大家容易理解的例子，比方說，「跑遍自己居住城市的小酒館」這樣的事，應該是「我還真沒聽過有人會這樣做」的事吧。日本北海道有一座美麗的阿寒湖，「每週六，我要在部落格上PO出阿寒湖的絕景照片」，這樣的事應該是「每週持續分享的人，搞不好意外的少吧！」**類似的行動，似乎不難做到，只要「徹底、持續不斷地進行下去」，很可能就會變成與眾不同的事。**

此外，「地球上觀測得到最高與最低溫度的地區，我都想去一探究竟。」這也是與眾不同的體驗，不是嗎？**這種「巧妙的搭配」，也**

一件小事，重複不斷地持續去做，也是一種特色。
善用「對比」，找到不同的切入點，創造出你的差異化。

是獨具一格的例子。

最近，日本開始出現「從〇合目登山」的話題。大部分的登山者去爬富士山，都是從富士山的五合目開始爬的。「從〇合目登山」，指的就是從登山路徑的起點「淺間神社」開始爬富士山的意思。**藉由選擇「不同的方法或手段」，也可以創造出差異化的優勢。**

想要創造這種差異化的優勢時，當然最好要事先確認是否「真的沒有任何人會這樣做」。不過，「真的沒有任何一個人做過嗎？」，這件事應該很難確定。所以，

「幾乎沒人會這樣做」

「但我就是想要試試看」

「當我提到開始的動機或實際體驗時，應該有人會感興趣」

如果你有這樣的感覺，不妨就試試看吧！

創造新頭銜也是一個方法

想要創造你的優勢，我建議也可以從「創造新頭銜」或「改變領域」著手。

我有一個朋友名叫岡本純子，曾是日本全國性報紙的記者，現在經營人才培訓和企業PR諮詢的事業。她在美國居住的時候，每天都看到媒體報導「孤獨」是一種現代病，於是開始意識到「周遭那些只知熱中工作，沒其他嗜好的上班族，就是最容易陷入孤獨的族群。」不過，要怎麼做，才能夠讓更多人意識到這個問題呢？她所想到的，就是以「大叔」為研究焦點。

她自創了「『大叔』研究家」做為自己的頭銜，二〇一八年二月，她出版了一本書叫做《世界第一孤獨的日本大叔》（世界一孤独な日本のオジサン），將改善大叔們的溝通力，以及探索「不讓自己陷入孤獨的生活方式」視為畢生志業。這個例子就是一個創造新頭

你有哪些興趣或關注事項，可以創造出新頭銜？

銜，讓更多人認識自己的好例子。

我還有一位名叫五十嵐真由子的朋友，她是「酒食女子」的代表。她的工作很自由，平常雖然從事PR的工作，但常常以小酒館達人之姿，跑遍全日本的小酒館，然後透過《東洋經濟Online》等媒體發布她的小故事。像這樣有自己想要研究的領域，主題很明確，我覺得不妨也可以自創一個頭銜喔！

此外，「身為與各種專家共事的程式設計師，在活動上首次拿起麥克風，向一般民眾簡單說明程式設計的知識，讓更多人了解程式設計的魅力所在」，這個例子也是「改變領域」的成功事例。

「自己覺得理所當然的事，哪些人卻會感到吃驚？」我建議大家可以用這個角度，找出你的優勢。

愈是被逼到絕境，才會想到打動人心的好故事

以我的經驗來說，愈是處於無計可施的窘況，愈能「突然想到好

點子」、「發掘很棒的優勢」、「想到打動人心的好故事」。

我在第三章曾經提過亞馬遜有「寵物假」這件事，當時我覺得只是告訴大家「『寵物用品店』即將開張了！」，這樣的宣傳力道好像太弱了。「難道沒有什麼好點子嗎？」在我感到煩惱不已的時候，絞盡腦汁蒐羅公司內外部的資源，終於讓我想到「寵物假」這個點子。

「需要為發明之母」，當你覺得「我沒有任何優勢」時，正是發掘優勢、擠出好點子的最佳時機。只要轉換一下想法，你甚至可以把一直以來認為是弱點的部分，變成你自己的優勢喔！

比方說，如果你不是很會使用電腦，不妨練習手寫字，習得一手極具風格的好字。如果你不擅長打球，或許可以發起一項「不會打球的我，在一個月內成為達人」的特訓計畫。

我建議大家不妨將自己的弱項視為賣點，好好地拿來運用、發揮一番。

原本的弱項也可以是賣點，因為大家都喜歡看到「突飛猛進」的故事。

想要表達的要旨要自己思考，絕不假手他人

在這一篇，我想跟大家分享公開發言、演講、回答問題、說明會、業務拜訪等，在眾人面前說話時應該注意的重點。

首先，**「不管在什麼樣的情況下，想要表達的要旨，一定都要自己思考和彙整。」**這件事，是十分重要的。

「可是我很忙」、「但我就是不擅長」，有些主管因為這樣的理由，「要不然你來幫我擬一下稿如何？」，就把自己的演講稿，從頭到尾交給部屬去做，我對這樣的情況感到遺憾。

正因為有「自己想要傳達的事」，所以才「要傳達給其他人知道」吧。即使再怎麼忙、再怎麼不擅長，「我想要傳達的重點，就是○○○、XXX和△△△。我會這麼想，是因為□□□。」

「我把一定要加進去的重點都條列整理好了，請幫我彙整一下好嗎？」

我的建議是，至少應該先想出自己要傳達的重點。我以前曾在軟銀集團負責公關工作，軟銀集團的領導人孫正義先生，是非常善於演講的名人，不管再怎麼忙，他一定都會親自草擬演講的要旨。

相較於孫先生的做法，日本大臣們語無倫次的答辯，最近也引發了日本社會大眾的熱議。其中，甚至還出現在一般情況下不大可能出現的失誤發言。我想，或許是因為時間關係，或是工作分配關係，使得這些大臣無法自己擬定發言的要旨吧！要是能夠自己擬定要旨，或許就不會出現不適當的答辯了吧？

小心使用專業術語

「盡量避免使用專業術語」，這也是必須自我提醒的重要項目之一。

每家企業都有「自己內部通用」的專業術語，舉例來說，亞馬遜有稱為「Metrics」的目標管理數值，在公司內部大家都這麼講。不過，對外面的人來說，應該不知道具體是什麼意思吧？

軟銀集團的孫正義先生，不管再怎麼忙碌，都會親自草擬演講要旨。

像這樣的專業術語，應該考量對方可以理解的範圍，替換成別的詞彙比較好。在這個時候，我們必須說明，所謂的「Metrics」，大概就是「ＫＰＩ」的意思，「所有現場都有規定，什麼時候必須達到既定的目標數字。」我說的，大概就是這個意思。

還有一點必須提醒大家注意的，那就是不要以為「因為是同業，所以用語應該相同吧。」

舉個最簡單的例子來說，「七月初旬提出」，我們以為要提出的是最初的提案，對方期待的卻是完成版。像這樣容易產生誤解的例子，實在不勝枚舉。所謂的「專業術語」，如果彼此擁有共識，使用起來確實很方便，但如果彼此沒有共識，往往很容易變成「文字陷阱」。

簡報或演講技巧，需要反覆自我練習

很多人都會說：「要做簡報，真是緊張死了！」，「一站到麥克風前面，要講什麼都忘光了。」我對這樣的人有一些建議，那就是：**「只要你卯起來瘋狂練習，不管你有多緊張，也不會忘記你要講的重點是什麼，還會愈來愈上手喔！」**

簡單來說，你只是因為覺得自己不擅長，然後缺乏練習而已。

貝佐斯在正式發表之前，都會不斷地進行演練

二〇一二年，在美國洛杉磯有Kindle和Fire等數場記者發表會。貝佐斯離開總公司所在地西雅圖，在洛杉磯待了一週左右的時間，準備向媒體發表新產品。

在那之前，貝佐斯請公司員工陪他練習，我也是其中一個。貝佐斯在台上，偶爾站立、走動、停下來……一邊說明，搭配一些動

熟能生巧，反覆練習，善用工具幫助自己改善，就能愈說愈好。

作，他談話時會穿插一些肢體語言和手勢。他把一連串的動作都做過一遍，向身為聽眾的我們尋求建議：「有沒有你們特別喜歡的地方？」「如果有需要改進的地方，請告訴我，好嗎？」

我們回應貝佐斯：「停止的位置太靠近螢幕了，這樣一部分坐著的聽眾，會不會看不到產品？」，「動作好像太多了，會不會反而影響到語言的傳達？」貝佐斯也把自己演練的過程錄影下來，事後觀看影片，發現還有很多需要改進的地方。

貝佐斯講究的不只是動作而已，「我再這樣調整一下，會不會讓對方更容易理解？」他也站在這樣的角度，改變他的措辭、說話速度和時機點。隨著動作和措辭的改變，照明和音響等效果也會跟著改變。

貝佐斯一天會進行好幾次排練，然後持續好幾天反覆練習。最後，他在正式發表會上，表現得特別成功。

即使是貝佐斯，也不是一開始就很厲害的。正因為他如此認真練習，才可以屢次充滿自信成功完成產品簡報——貝佐斯可以為了發表會徹底練習至此，我真的打從心底佩服。

將練習過程錄影下來進行檢討，你將有飛躍性的進步

想要提升簡報和演講技巧，我強烈建議大家把練習過程錄影或錄音下來，請別人觀看或聆聽，給你一些建議。尤其是錄影，現在用智慧型手機就可以輕易辦到，還可以同時錄音，事後很容易傳給別人，我特別推薦這個做法。

客觀檢視自己的表現，有助於你發現自己應該改善的地方。把一開始練習的影片，與練習了好幾次的影片比較一下，你就會發現自己有了飛躍性的成長，這是非常令人開心的事喔。

工作報告、面談、撰寫郵件，需要注意什麼溝通要點？

在本書的最後一篇，我想和大家分享工作報告、面談和撰寫郵件時，這些職場的日常工作在溝通上應該注意哪些要點。

工作報告的順利祕訣

開會時向眾多人進行業務報告，或是向主管進行工作匯報時，首先一定要有心理準備，你可能會被問及難題。聽取報告的人，絕大多數都擁有豐富經驗和專業知識，你可能會被問及一些很尖銳或很細節的問題。「或許會被問到這種問題吧？」，你要把可能會被問到的問題一一列出，「如果被問到這個問題，我就這樣回答」，並且最好能夠做好事先準備。

預先準備的好處有三點：第一，你會有心理準備；第二，報告內容若有不周，你會先發現；第三，你能夠立刻回答對方的問題，這樣容易讓對方對你產生信賴感，並且博得好感。

進行各種面談時的要點

績效面談、新工作面談、轉職的人事面談等，面談的場合其實五花八門。我覺得，最重要的關鍵，就是**「進行面談時，詢問和確認的技巧要並用。」**

接受面談的人＝回答問題的人，如果有這樣的既定觀念，你就會只著重於「要做出好回答」，「要根據預先準備的內容來回答。」其實，面談也是溝通的一種，「有來有往」很重要。舉例來說：

「我的想法是……，大家的看法如何呢？」

「我非常想要實現……的計畫。不過，不知道這項計畫會不會受到顧客歡迎？」

「不好意思，都是我一個人在講，如果有不充分的地方，可以給準備各種工作報告時，預先想好可能會被問到什麼難題。
面談時，重點在於「有來有往」。

我一些指教嗎？」

自己講的內容，是否有不周到的地方？對方有什麼看法？如果你能夠留心這些細節，很容易讓對方產生「想讓你擔任更好的工作」，「想跟你一起共事看看」的想法。

郵件避免未經修飾的直白，不用會產生負面情緒的字眼

職場工作者最常使用的傳達方式，就是「撰寫郵件」了吧。郵件的優點之一，就是會留下紀錄。因此，**我建議大家在撰寫郵件時，要特別注意「盡量不要使用會讓對方產生負面情緒的字眼。」**尤其是否定對方的做法或成果時，特別要注意這點，因為很容易會讓對方覺得你在否定他的人格。

舉例來說，你想告訴對方「不要去做」時，與其使用「請停止那樣的做法」，不妨對他說：「我想，應該也有這種做法，你覺得和目前的做法比起來，哪個比較好？」，我覺得對方應該會比較容易接受。

想拜託對方「改用完全不同的構想製作企劃書」時，與其說：「你這份企劃寫得不好，請你重做。」換個方式講：「這份企劃書就當作A案，我希望你也用某某構想製作B案」，就可以讓對方平和地接受你的建議了，不是嗎？

很多人寫郵件，很容易寫得很「直白」，但最重要的是「讓對方在讀完郵件後，按照你的意思去做」吧？所以，我認為應該要先考量到對方的狀況和情緒，再來撰寫郵件才是。

基於這樣的理由，我認為不要在半夜情緒容易高漲的時段，帶著情緒撰寫郵件，就這樣寄給對方。有這種習慣的人，我建議在寫完郵件之後，先去睡一覺，等到隔天早上情緒冷靜了，將自己寫的郵件重新修飾過再寄出吧。

我常常聽到周圍的人說：「某人寫的郵件讓我覺得很受傷。」**每封郵件都是一項紀錄，可能深刻留存在接收者的記憶中，發送郵件的人如果沒有這種認知，麻煩可就大了！**

記得，所有郵件都是一項紀錄，不用傷害性語言，不在情緒激動時發送郵件。

現在，我們擁有電子郵件、聊天室和社群媒體等方便的平台，誰都能夠輕易傳送訊息給他人。只要隻字片語，我們也能夠嚴重傷害到他人。

正因為如此，比起「只考慮自己的傳達」，我們更要重視「顧慮對方的傳達」。請時常記得這點，和他人進行愉快的溝通喔！

結語
勇於挑戰，成功的規模與失敗的規模成正比

「亞馬遜」（Amazon）這個公司名稱，如同大家所知道的，是源於擁有世界最大流域面積的亞馬遜河。貝佐斯在創業時的想法，就是想要建立一個世界最大、擁有豐富商品的平台。這樣的想法，賦予了公司「亞馬遜」這個名稱，我覺得這是一個很有故事性的公司名稱。對我而言，在亞馬遜學到的經驗，給了我非常大的啟發。因此，我就自己在日本亞馬遜度過的十三年經歷，以「說故事傳達」為題寫下這本書。

不過，亞馬遜的員工平時在公司，是不是也會使用「故事」這個詞呢？其實根本就不會。我還在亞馬遜的時候，不僅沒聽過這個詞，也不會這麼說。用故事傳達的重要性，對於亞馬遜的員工來說，是

「大前提」、「根深蒂固」，以及「時常意識到」的概念。

亞馬遜之所以是亞馬遜，有種種因素造就而成。其中，「重視故事」的思維和行動習慣，也是造就亞馬遜的一大要素——我在離開亞馬遜之後，才察覺到這件事。

在亞馬遜的工作經歷後，「故事」這個詞，就變成我之後工作生涯的關鍵詞彙了。「讓我來為您創造好故事喔！」，「好」故事的「好」，日文關西腔唸起來像A，我想把這個寓意加進公司名稱裡，所以將自己創立的公司命名為「AStory」，雖然我並不是關西人（笑）。

最後，我想和大家分享貝佐斯語錄裡，我最喜歡的一句話，那就是：**「成功的規模與失敗的規模成正比。」**因為這句話告訴我，要勇於挑戰。

我希望這本書，可以為在人生路上積極挑戰的各位，溫和地助上一臂之力。

小西美沙緒

參考資料1

亞馬遜的事業版圖

亞馬遜的事業版圖，主要有三大區塊：（1）零售（2）數位內容供應（3）雲端服務。雲端服務的項日，另外成立了一家叫做「AWS」（Amazon Web Services）的獨立公司。

參見下頁圖表說明：

亞馬遜的三塊事業版圖

零售	除了美國總公司Amazon.com以外，英國、法國、德國、巴西、墨西哥等世界16個國家，都和Amazon.co.jp一樣，設有亞馬遜的零售平台。 亞馬遜以外的第三方賣家，也可以在Amazon.co.jp販售商品，稱為「亞馬遜市集」(Amazon Marketplace)。 還有一項稱為「FBA」(Fulfillment by Amazon)的物流服務，商家只須支付手續費，亞馬遜就會為商家提供倉儲管理、訂購和配送的服務。

數位內容供應商	負責提供電子書Kindle或「亞馬遜Prime影音」等數位內容。

雲端服務供應商	將自家伺服器出借給其他企業使用。 另外成立了一家叫做「AWS」(Amazon Web Services)的獨立公司。

日本亞馬遜的公關部，在我還任職於亞馬遜時，各別團隊負責的項目如左圖所示。第一支團隊負責企業公關，第二支團隊負責亞馬遜開店服務，第三支團隊負責數位內容的硬體設備，第四支團隊負責數位內容的內容管理，第五至第九支團隊分別負責書籍、家電、消費品、生活休閒和時尚類別的零售業務。

日本亞馬遜公關部
各別負責的區塊（當時）

1	企業公關
2	亞馬遜開店服務
3	數位內容的硬體設備
4	數位內容的內容管理
5	書籍
6	家電
7	消費品
8	生活休閒
9	時尚

參考資料2

亞馬遜的商業模式

貝佐斯某次在餐廳和投資人一起用餐，大家問貝佐斯：「可以向你請教亞馬遜的商業模式嗎？」貝佐斯就拿起鋪在膝上的餐巾紙，畫了一張圖，這套模式稱為「良性循環」（Virtuous Cycle）。

圖的正中央是「成長」（GROWTH），周圍環繞了六項要素，每項要素都畫有箭頭。這些箭頭不是雙向的，而是單向的，我們可以清楚知道，各項要素是因為哪項要素的作用，才擴大了規模。就好像在密閉空間產生連鎖反應，使反應結果「成長」持續擴大。

這張圖預言了亞馬遜的驚人成長，這個知名的完整商業模式，今後肯定也將帶領亞馬遜持續成長。

亞馬遜的商業模式
良性循環（Virtuous Cycle）

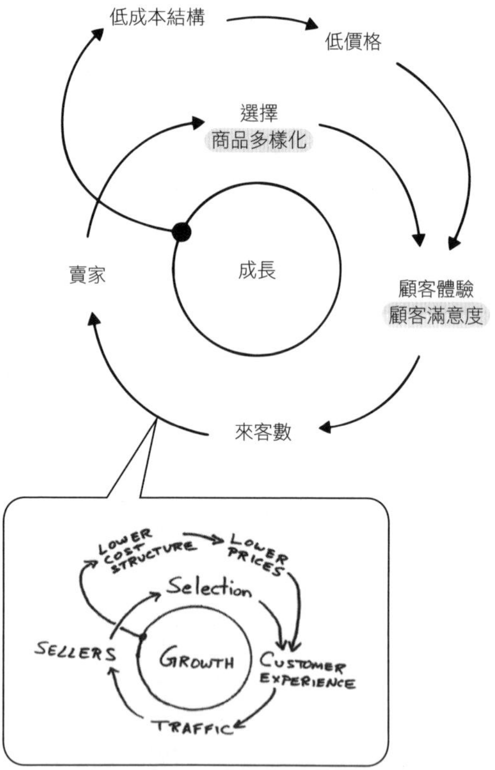

*貝佐斯的手稿

參考資料3

亞馬遜組織圖

世界各國的亞馬遜以美國總公司為中心，各部門採取垂直編制的組織。位於西雅圖的美國總公司，基本上握有決策權，Amazon.co.jp的系統變更，幾乎都交由美國工程師負責。

位於最高決策者的CEO是貝佐斯，下列有各部門的決策者資深副總（Senior Vice President, SVP），以及世界各國的數十名副總（Vice President, VP＝各組織的負責人）。組織的編制呈現樹狀結構，副總的下面是總監、資深經理和經理，層級非常精簡。

營運或零售等各部門，都有專屬的人事或財務單位，各部門可以獨立與自己的人事或財務單位討論相關問題，不受其他部門影響。

日本亞馬遜有兩位社長，分別是Jasper Cheung（負責零售和服務）和Jeff Hayashida（負責倉庫、顧客服務、供應鏈等）。這兩位日本社長的頭銜都是副總，在美國西雅圖都有上司。

「S-Team」是CEO的直轄團隊，制定了OLP等準則（參照參考資料4）。

提供雲端服務的AWS，不屬於日本亞馬遜，是另外創立的獨立公司。

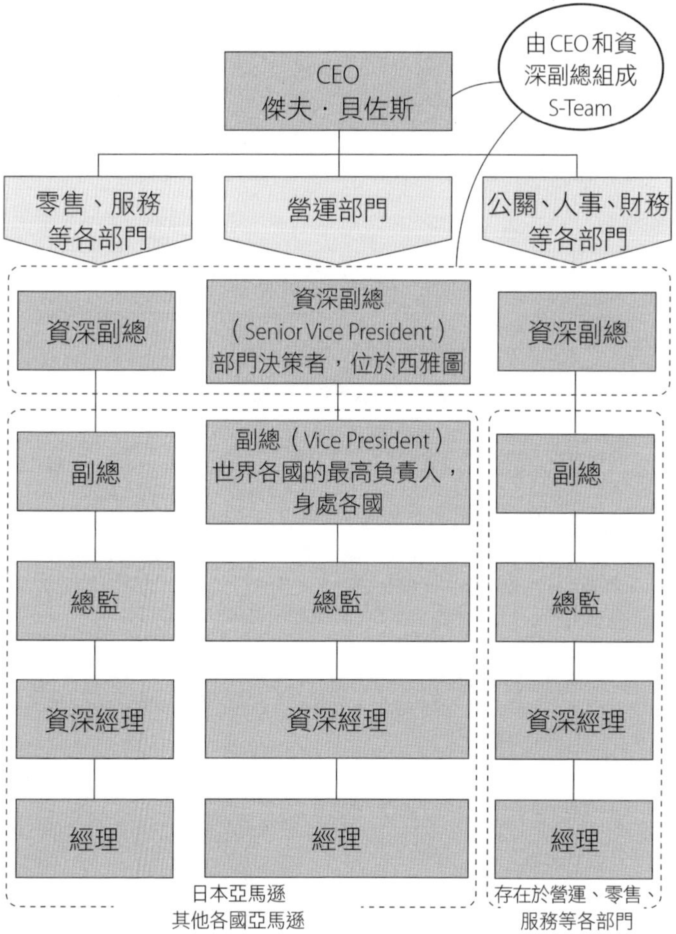
CEO
傑夫．貝佐斯
由CEO和資深副總組成S-Team
零售、服務等各部門
營運部門
公關、人事、財務等各部門
資深副總
資深副總（Senior Vice President）部門決策者，位於西雅圖
資深副總
副總
副總（Vice President）世界各國的最高負責人，身處各國
副總
總監
總監
總監
資深經理
資深經理
資深經理
經理
經理
經理
日本亞馬遜
其他各國亞馬遜
存在於營運、零售、服務等各部門

Amazon OLP

8. Think Big 胸懷大志

思想狹隘開創不出大格局，往往淪為自我應驗的預言。領導者大膽提出大局策略，以期激發出良好的成果。領導者從嶄新的角度考慮問題，尋找能夠提供顧客更好服務的各種可能性。

9. Bias for Action 崇尚行動

速度在商業領域來説至關重要。很多決策和行動都可以隨時修正，不需要過度詳盡的研究。我們重視評估後的冒險行為。

10. Frugality 勤儉節約

我們期望以更少的投資換取更大的成果。儉約精神是我們創意發想、自立和創新的根源。增加人力、預算和固定支出，並非最好的做法。

11. Earn Trust 贏得信任

領導者善於傾聽、坦誠溝通，並且尊重他人。即使難堪，也願意承認自己的錯誤，絕對不會正當化自己或團隊的過失。領導者永遠要求自己與最高標準進行評量比較。

12. Dive Deep 追根究柢

領導者留心各個環節，隨時掌控細節，經常確認營運現況。當發現指標與個別事例不一致時，會提出質疑。公司的大小事，都值得領導者關注。

13. Have Backbone; Disagree and Commit 敢於諫言；一旦決定，就全力以赴

領導者遇到無法認同的情況或決策，應該有禮貌地提出質疑。即使這樣做會吃力不討好，也要敢於諫言。領導者擁有信念，不輕言放棄，也不輕易妥協。一旦做出決定，就會全力以赴。

14. Deliver Results 創造成果

領導者聚焦於工作上的關鍵投入，以正確品質迅速取得成效。即使遭遇困難，也勇於面對，絕不妥協。

參考資料4
OLP(Our Leadership Principles)=我們的領導力準則

1.	Customer Obsession **顧客至上**
	領導者要從顧客的角度去思考、行動,致力於獲得並維繫顧客信任。領導者雖然也會注意競爭對手,但首要原則還是顧客至上。
2.	Ownership **所有權意識**
	領導者須具備所有權意識,眼光要放遠,不會為了短期成果犧牲長期價值。領導者的行事不僅考慮自己的團隊,也會考量公司整體的立場。領導者絕對不會說:「那不是我的工作。」
3.	Invent and Simplify **創新與簡化**
	領導者要求自己的團隊創新和發明,不斷尋求讓工作簡化的方法。領導者經常注意情勢的變化,隨時都在尋找新的創意,就算不是自己發想的新創意也沒關係。我們在實踐新創意時,接受可能會歷經外界長期誤解。
4.	Are Right, A Lot **多數情況下決策正確**
	領導者在多數情況下,都能夠做出正確的判斷。領導者擁有卓越的判斷能力和敏銳的直覺,並且總是尋求多元化的觀點,勇於挑戰自己的信念。
5.	Learn and Be Curious **保持學習與好奇心**
	領導者時刻學習,不斷提升自己。對於各種可能性充滿好奇,樂於求知。
6.	Hire and Develop the Best **選賢育能**
	領導者不斷提升招聘和晉升員工的標準,致力於尋找優秀人才,並且積極協助他們為組織發揮所長。領導者培養領導人才,認真負起指導的責任。我們創造新的機制,協助所有員工都能持續成長、提升。
7.	Insist on the Highest Standards **堅持最高標準**
	領導者致力於追求最高標準,在很多人看來,這些標準可能高得不可理喻。領導者不斷提高標準,鞭策團隊提供更優質的產品、服務和流程。領導者只執行高水準的企劃,遇到問題確實解決,並尋求不再重蹈覆轍的改善措施。

2010年	開設「樂器」商店 開始「Amazon Vine計畫」 開始提供Amazon Marketplace Web Service 新物流中心「亞馬遜川越FC」於琦玉縣川越市開始營運 開始提供「指定時間配送」服務 開設「作者頁面」 開始「亞馬遜訂購省」服務 開設「寵物用品」商店 開始「免費配送」服務 新物流中心「亞馬遜大東FC」於大阪府大東市開始營運 開始提供DRM free的「Amazon MP3 Download」服務 開設「Nippon」商店
2011年	開始「PC軟體下載商店」服務 新物流中心「亞馬遜狹山FC」、「亞馬遜川島FC」開始營運
2012年	宮城縣仙台市的客服中心開始運作 日本總公司遷移到目黑區下目黑 新物流中心「亞馬遜鳥栖FC」於佐賀縣鳥栖市正式營運 開始「Kindle Store」電子書服務 開始提供「Amazon Cloud Player」服務 新物流中心「亞馬遜多治見FC」於岐阜縣多治見市開始營運
2013年	新物流中心「亞馬遜小田原FC」於神奈川縣小田原市開始營運 大阪分公司於大阪府大阪市北區中之島開始營運 開始提供Kindle Owners' Library服務 開始線上影音「Amazon Instant Video」服務
2014年	針對亞馬遜網站的法人銷售用戶提供「Amazon Lending」融資服務 Amazon.co.jp設立「Amazon FB Japan」，開始銷售酒類商品 結束服飾銷售網站Javari.jp LAWSON便利商店開始提供購買或預約Amazon.co.jp商品的服務
2015年	開始提供Windows版電子書閱讀軟體「Kindle for PC」的App 開始提供Mac版電子書閱讀軟體「Kindle for Mac」的App 開始「Amazon Login & Payment」跨網站帳號登入支付服務 開始「Amazon二手書收購服務」 開始「Prime Video」服務 新物流中心「亞馬遜大田FC」於東京都大田區開始營運 開始提供下單後一小時或兩小時內送達的「Prime Now」服務
2016年	一般配送免運費服務終止 日本亞馬遜公司與Amazon Japan Logistics合併，公司體制由股份有限公司變更為合同公司 開始電子書包月暢讀服務「Kindle Unlimited」 新物流中心「亞馬遜川崎FC」於神奈川縣川崎市開始營運 新物流中心「亞馬遜西宮FC」於兵庫縣西宮市開始營運 開始「Amazon Dash Button」的一鍵購物服務
2017年	新物流中心「亞馬遜藤井寺FC」於大阪府藤井寺市開始營運 日本開始提供支援新創企業的「Amazon Launchpad」服務 「Prime Now」開始為亞馬遜Prime用戶提供藥妝店及百貨店健康美容商品，以及家常菜、和洋菓子等約11,000種商品免費兩日送達服務 在東京的部分區域開始提供「Amazon Fresh」服務 「Amazon Echo」在日本發售
2018年	開始為亞馬遜Prime用戶提供「Prime Wardrobe」的新服務 專為企業設計的「Amazon Business」開始提供付費會員服務「Business Prime」 新物流中心「亞馬遜茨木FC」開始營運 在東京品川設立世界最大規模的Amazon Fashion攝影工作室

參考資料5
Amazon.co.jp年表

2000年	在千葉縣市川市設立物流中心 日本亞馬遜網站Amazon.co.jp正式營運。
2001年	北海道札幌市的客服中心開始運作 Jasper Cheung就任日本亞馬遜社長 開始實施Amazon Associate Program 同時開設「音樂」、「DVD」、「Video」商店 開設「軟體」、「電視遊戲」商店 開始貨到付款服務
2002年	開設「亞馬遜市集」(Amazon Marketplace)
2003年	開設「家電」商店 AWS開始營運 開設「家庭&廚房用品」商店
2004年	在書籍商店開設「雜誌」專區 開設「玩具&個人愛好」商店
2005年	在書籍商店開始提供「內容試閱&搜尋」服務 新物流中心「亞馬遜市川FC」於千葉縣市川市開始營運 開設「運動用品」商店
2006年	開始超商、ATM、網路銀行付款服務 開始提供「亞馬遜e託販賣服務」 開設「健康&美容」商店 超商開始販售亞馬遜購物卡 開始提供「加急配送」服務
2007年	開始「亞馬遜點數」服務 開設「手錶」商店 「運動用品」商店改名為「運動&戶外休閒」 開始「Merchant@amazon.co.jp」企業開店服務 開設「嬰兒&孕媽咪」商店 開始「亞馬遜Prime」服務 新物流中心「亞馬遜八千代FC」於千葉縣八千代市開始營運 開設「服飾&鞋類」商店
2008年	開始「亞馬遜物流」(FBA, Fulfillment by Amazon)服務 開設「美妝」商店 開始「超商取貨」服務 開設「食品&飲料」商店 開設專門販售鞋子與皮包的網站Javari.jp
2009年	開設「珠寶」商店 開設「文具&辦公室用品」商店 超商開始販售亞馬遜禮券 Javari.jp開設「兒童&嬰兒」類別 Javari.jp開設「設計師商店」專區 開設「DIY&工具」商店 新物流中心「亞馬遜堺FC」於大阪府堺市開始營運 開始提供「當日加急配送」服務 開設「汽車&摩托車用品」商店 開始導入「亞馬遜認證簡約包裝」(FFP)服務 開始銷售AmazonBasics自營品牌商品 開始「FBA Multi-Channel Service」物流服務

Star 星出版 財經商管 Biz 008

Amazon 故事公關行銷學：

向亞馬遜創辦人貝佐斯學習溝通技巧，優化企業和個人品牌價值

アマゾンで学んだ！伝え方はストーリーが9割

國家圖書館出版品預行編目（CIP）資料

Amazon 故事公關行銷學：向亞馬遜創辦人貝佐斯學習溝通技巧，優化企業和個人品牌價值／小西美沙緒著；賴詩韻譯．-- 第一版．-- 新北市：星出版：遠足文化發行，2020.06
256 面；14x20 公分．--（財經商管；Biz008）
譯自：アマゾンで学んだ！伝え方はストーリーが 9 割

ISBN 978-986-98842-2-8(平裝)

1. 行銷管理 2. 溝通技巧 3. 企業經營

496 109006928

作者 — 小西美沙緒
譯者 — 賴詩韻

總編輯 — 邱慧菁
特約編輯 — 吳依亭
校對 — 李蓓蓓
封面設計 — 陳俐君
內頁排版 — 立全電腦印前排版有限公司

讀書共和國出版集團社長 — 郭重興
發行人兼出版總監 — 曾大福
出版 — 星出版／遠足文化事業股份有限公司
發行 — 遠足文化事業股份有限公司
231 新北市新店區民權路 108 之 4 號 8 樓
電話：886-2-2218-1417
傳真：886-2-8667-1065
email: service@bookrep.com.tw
郵撥帳號：19504465 遠足文化事業股份有限公司
客服專線 0800221029
法律顧問 — 華洋國際專利商標事務所 蘇文生律師
製版廠 — 中原造像股份有限公司
印刷廠 — 中原造像股份有限公司
裝訂廠 — 中原造像股份有限公司
登記證 — 局版台業字第 2517 號

出版日期 — 2020 年 06 月 10 日第一版第一次印行
定價 — 新台幣 380 元
書號 — 2BBZ0008
ISBN — 978-986-98842-2-8

星出版讀者服務信箱 — starpublishing@bookrep.com.tw
讀書共和國網路書店 — www.bookrep.com.tw
讀書共和國客服信箱 — service@bookrep.com.tw
歡迎團體訂購，另有優惠，請洽業務部：886-2-22181417 ext. 1132 或 1520

新觀點
新思維
新眼界

Star

星出版